摄影

测量学理论及应用研究

唐毅 著

吉林大学出版社

·长春·

图书在版编目（CIP）数据

摄影测量学理论及应用研究 / 唐毅著. —长春：

吉林大学出版社, 2021.10

ISBN 978-7-5692-9599-3

Ⅰ.①摄…　Ⅱ.①唐…　Ⅲ.①摄影测量学　Ⅳ.

①P23

中国版本图书馆CIP数据核字（2021）第234507号

书　　　名　摄影测量学理论及应用研究
　　　　　　SHEYING CELIANGXUE LILUN JI YINGYONG YANJIU

作　　　者　唐　毅　著
策划编辑　张文涛
责任编辑　樊俊恒
责任校对　张文涛
装帧设计　崔　蕾
出版发行　吉林大学出版社
社　　　址　长春市人民大街4059号
邮政编码　130021
发行电话　0431-89580028/29/21
网　　　址　http://www.jlup.com.cn
电子邮箱　jldxcbs@sina.com
印　　　刷　北京亚吉飞数码科技有限公司
开　　　本　710mm × 1000mm　1/16
印　　　张　17
字　　　数　273千字
版　　　次　2023年3月　第1版
印　　　次　2023年3月　第1次
书　　　号　ISBN 978-7-5692-9599-3
定　　　价　72.00元

前　言

　　摄影测量学作为一门学科，诞生于19世纪中叶。经过180多年的发展，摄影测量已从模拟摄影测量、解析摄影测量，步入到当代数字摄影测量时代，实现了摄影测量从全人工操作到半自动化、智能化处理的转变。近十年来开始崛起的无人机技术解决了数字摄影测量技术发展的瓶颈问题——数据不易获取，方便、快捷和灵敏成为低空数字摄影测量发展的一个重要方向。随着摄影测量理论和技术的不断发展，其应用领域已从早期单纯的地形测绘拓展到了军事侦察、工业制造、土木工程、医学、考古、刑事侦查、文物保护、人工智能、虚拟现实等领域，形成了航天、航空、近景、工业、显微、倾斜、刑侦、考古等诸多摄影测量分支。目前，摄影测量仍在不断涌现新理论、新装备、新技术，仍在不断拓宽应用领域。可以说，摄影测量学不但是一个正在蓬勃发展的学科，而且在国民经济和国防建设中有十分重要的地位和不可替代的作用。

　　作者多年在一线从事摄影测量教学和工程实践工作，基于摄影测量的理论和实际应用，具有一些心得和体会。基于分享和学习的目的，撰写了本书，以期系统地将摄影测量的基本原理、方法、技术和最新运用成果展现给广大读者。

　　本书由摄影测量的基本原理自然过渡到数字摄影测量，全面论述数字摄影测量涉及的基础知识、数学模型、算法及实际应用。主要内容包括：绪论、摄影与航空摄影、单张像片解析基础、双像立体测图与双像解析摄影测量、解析空中三角测量、数字摄影测量基础、像片纠正与正射影像技术、数字摄影测量系统和摄影测量学应用研究。全书理论系统完整，联系实际应用，内容丰富，充分反映了当代摄影测量的水平。

　　在介绍摄影测量的基本原理、方法与内涵时，对于模拟摄影测量部分仅做了适当的扼要介绍，进而过渡到解析与数字摄影测量，并介绍了摄影测量目前的新技术：倾斜摄影测量、近景摄影测量、三维重建技术和无人机摄影测量。这样既使初学者容易理解、掌握所学的基础理论内容，又有利于了解摄影测量学科最新技术的发展。本书系统介绍了影像信息的获取、摄影测量学的基础理论知识及信息加工处理的知识，有利于学习者与所学其他专业知识的有机融合。

本书凝聚了作者的智慧、经验和心血，是江苏省虚拟仿真课程建设立项项目"自然资源要素无人机三维建模"研究成果。在撰写过程中，作者参考了大量的书籍、专著和相关资料，在此向这些专家、编辑及文献原作者一并表示衷心的感谢。由于作者水平所限以及时间仓促，书中不足之处在所难免，敬请读者不吝赐教。

作　者

2021年8月

目 录

第1章 绪论

　　测绘学是一门具有悠久历史和强劲发展潜力的实践性学科。随着人类社会的不断进步、经济和科技水平的高速发展，测绘学的内涵、方法及其技术也不断发生着变化。测绘学早已成为一门研究地球和其他实体的，与空间分布有关的各种几何、物理、人文、属性等信息的采集、测量、分析、显示、管理和利用的一门科学技术。摄影测量学是测绘学科的重要组成部分。摄影测量经过模拟、解析的发展阶段，逐渐进入了数字摄影测量阶段，新技术不断涌现和发展（例如计算机、空间技术、信息技术、通信技术及数字技术等），并且应用于摄影测量领域，这推动了摄影测量理论和实践进入现代化的发展阶段。

1.1 摄影测量学的发展背景

　　随着科学技术的不断发展，社会经济增长迅速，人民生活水平也不断提升，社会的一系列发展都对能源、交通提出了新的要求。我国在公路、铁路、矿山开采、水利水电基础工程建设方面的发展力度不断增大，这些领域的基础工程建设大多在高山峡谷中进行。在工程前期都需要开展地质勘查，工作环境多在山高坡陡的条件下，工作条件较为艰苦，存在一定的危险性。另外，因为坡体特别陡峭，再加上场地的道路简易，对于地质勘查信息的获取较为困难（如断层空间展布形态、位置、规模，覆盖层边界，松动变形体规模，控制性结构面产状等信息）。在山区进行工程建设的过程中，施工任务较为繁重，工期安排较紧张，施工管理不合理，在同一个工作面上往往会同时开展多个工序，如开挖、支护、运渣等。在这种施工因素下，地质人员进行勘察时可利用的安全空间和时间较少，难以进行细致的现场调查。

以水电工程来说，电站坝的位置多在高陡边坡环境下，开展大量的工程边坡开挖能够获取岩体结构信息，有助于后续进行高边坡稳定性的分析和评价。开展地质工作的一项工作内容为调查和描述边坡岩体的结构条件。在黄河上游玛尔挡水电站，西藏怒江流域罗拉、同卡、怒江桥电站，雅砻江锦屏、卡拉水电站，金沙江上的溪洛渡、白鹤滩电站等，这些电站的坝址周围山体雄厚、边坡陡峭，坡高可以达到数百甚至上千米，自然坡角坡度大，局部坡段接近直角。在电站工程边坡的实际调查中，不仅要重视区域性的、大规模的构造面(层)、地层分界面，还应重视小规模结构面可能对边坡工程造成的影响，实践表明，后面这种小规模的硬性结构面可以直接影响边坡岩体的结构类型。

因此可以说，在调查岩体结构的过程中，全面、准确地掌握这类结构面的分布特征、发育状态及其空间组合情况，是进行岩质高边坡稳定性评价的前提条件。另外，采用传统地质勘察方法进行地质测绘、地形图测量时，由于有些地方不容易到达导致不能进行正常的勘察工作，也对现场作业人员的安全构成了一定的威胁。例如，黄河流域最大规模的拉西瓦水电站，在施工过程中拱肩槽上部边坡的危岩体调查遇到了地质人员难以靠近、地形及地质测量工作难以开展等问题，不利于进行危岩体的调查、稳定性分析判断等勘察工作。

另外，我国的地质灾害发生得较为频繁，所造成的危害也较为严重。由于青藏高原存在快速隆升，发生的一系列剧烈的地质构造活动形成了起伏多变的地形地貌形态。在西南山区，青藏高原的迅速隆升，使高山峡谷地貌发育，河谷深切、谷坡高陡，分布着许多高度达数百米至上千米的陡坡。持续的地球板块动力作用造成了强烈的新构造活动，这些能量巨大的地球内部动力形成了我国的地势轮廓和地壳板块内部的应力分布，从而也形成了我国地质灾害频发、分布范围广泛、种类繁多的特点。我国的陆地面积为960万平方千米，且山地面积超过了70%，其地形地貌条件复杂多样。根据我国地质灾害空间分布规律可知，灾害多发于第一、第二阶梯范围，特别是两个阶梯中间的过渡区域发生得更加密集，该区域长期以来都在地壳的上隆过程中，发生的新构造活动强烈，地区降水量和强度较大，部分地区植被不发育，因而容易发生较大规模的地质灾害，并且容易出现堵江、堵河形成堰塞湖，从而易形成严重的地质灾害链效应。

我国处于环太平洋地震带与欧亚地震带间，地震断裂带发育，地震活动非常活跃，是一个地震灾害十分严重的国家。地震时产生的强烈的震动，会造成山区大量崩滑等地质灾害的发生。同时，剧烈的震动导致高陡斜坡岩土体震裂或者松动，即便地震没有造成失稳性的破坏，已经产生震裂或松动的岩土在地质环境条件发生改变的情况下，也有可能出现失稳或者转化为泥石流灾害。例如，汶川地震后，地震灾区崩塌、滑坡、泥石流灾害频发，要想使震区地质灾害发生的频度回到震前水平，需要十余年甚至数十年的时间。

地质灾害本身具有一定的突发性和巨大的破坏性，特别是在人口分布较为密集的山区，对广大人民的生命财产安全构成了严重的威胁，不利于当地经济的发展。在发生地质灾害的第一时间内，较为快速、准确地确定地质灾害的地质条件、规模范围、发生机理等情况，能为进行应急抢险工作争取宝贵时间，为科学制定救灾对策提供重要依据。

上述在工程建设、抢险救灾中遇到的问题，使传统地质勘测、调查手段面临着非常严峻的挑战。实践表明，仅依靠过去的地质勘测、调查手段并不能达到现在工程建设的要求，抢险救灾也应采用更加快速、高效，且能适应复杂地形条件的技术方法。

国内外学者早已发现此类问题和相关需求的存在，已经进行了一系列技术方法的研究工作。在这一背景下，摄影测量技术不断发展，为更好地解决此类问题提供了新方法。

1.2 摄影测量学的定义、内容及分类

1.2.1 摄影测量学的定义

摄影测量学已经经历了二百多年的发展历史了，在其最先出现的时候，叫作图像量测学。

摄影测量学是这样一门学科，它利用摄像头或其他传感器进行图像信息采集，经过加工、处理、分析来获取针对被研究对象的有价值的、可靠的信息。与传统测量方法相比，摄影测量可以获得动态被摄物体的瞬间的位置信息；用摄影测量的方法来测制地形图，其成图周期短，生产效率高，适用于面积比较大的区域；摄影测量的产品形式多样化，主要有纸质地形图和4D产品（数字线划地形图、数字高程模型、数字正射影像图和数字栅格地图）。

因为像片可以较为真实和全面地记录摄影瞬间客观物体的状态，再加上影像有优异的量测性能和判读性能，所以，摄影测量得到了广泛的应用，从空中到水下，甚至发展到宇宙空间探测，揭示出前所未知的自然界的大量秘密，极大地开阔了人类的视野，提升了人类的观察能力。根据获取像片资料的方式和具体条件，以及相应的处理像片的理论和方法的不同，可以把摄影测量分为如下几种：卫星摄影测量、航空摄影测量、地面摄影测量、近景摄影测量、双介质摄影测量、水中摄影测量、显微立体摄影测量以及其他特殊形式的摄影测量[①]。

---

① 赵志刚.航空摄影测量外业像控点布设的精度分析及应用[D].西安：长安大学，2015.

1.2.2　摄影测量学的内容

总体来说，摄影测量学的内容具体包括：被摄物体影像的获取技术，不同数量像片处理的理论、方法、设备和技术，以及所测得的成果的表达与输出技术。摄影测量具有以下特点：不用接触物体对象，不易受周围环境与条件的影响，外业工作量明显减少，自动化程度高。因此，摄影测量可以广泛应用到各个方面。被摄物体可以是固体、液体或者气体，可以是静态的或者动态的，也可以是宇宙天体，或者是电子显微镜下的细胞。图1-1是摄影测量的过程示意图。

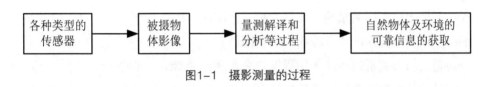

图1-1　摄影测量的过程

1.2.3　摄影测量技术的分类

摄影测量技术的发展历程较长，不同学者对其技术进行分类时采用的研究标准也有所不同，通常有以下几种分类方式。

1.2.3.1　按照研究对象不同

按照研究对象不同，摄影测量技术包括地形摄影测量和非地形摄影测量。

开展地形摄影测量最主要的目的是获得研究区域的地形图。由于地球表面的像片可从空中或地面摄取，因而地形摄影测量包括航空摄影测量和地面摄影测量。

非地形测量是一个总的大类，又可细分为近景摄影测量（$S<300m$）、解析地面摄影测量、水下摄影测量、X光立体摄影测量、电子显微摄影测量、全息摄影测量等内容。非地形摄影测量可用于地质判读、资料调查、土壤调查、森林勘探、变形观测、环境污染的监测、建筑测量、军事侦察、弹道轨迹、考古以及生物学、医学等方面。

1.2.3.2　按照摄影位置不同

按照摄影位置不同，摄影测量技术包括水中摄影测量、地面摄影测量、航空摄影测量、航天摄影测量。

开展水中摄影测量的主要目的是，利用水下相机测绘河床或海床的空间形态，从而获得河床或者海床的地形图件。

地面摄影测量是在地面拍摄像片来实现各种测绘工作的。

进行航空摄影测量时借助的平台有固定翼飞机、旋翼直升机、飞艇以及无人机。飞行高度不超过1 000m的为低空摄影测量，近年来得到了较快的发展。随着无人机技术的逐渐成熟，低空摄影测量技术逐渐在更多的领域应用，向人们展示了该技术的便捷性、廉价性和快速准确性。

进行航天摄影测量时借助的平台有航天器（如卫星、航天飞机）、高空飞机。

1.2.3.3　按照应用范围不同

按照摄影测量应用范围不同，摄影测量包括工业摄影测量、林业摄影测量、建筑摄影测量、城市摄影测量、生物医学摄影测量等。

1.2.3.4　按照影像处理方法不同

按照影像处理方法不同，摄影测量包括模拟摄影测量、解析摄影测量和数字摄影测量三种。

1.3 摄影测量的发展历程

摄影测量是借助摄影像片加以识别和计算，从而测定物体的形状、大小和位置的一门科学。以像片为依据进行量测与解译，整个测量过程都不需要接触被摄物体，利用光学成像的理论，数码像片能够记录像点与物点间的空间几何关系。数码相机的快门速度非常快，能够在瞬间获取像片，成像时利用的是物理光学原理，有较为真实、客观和良好的影像识别特性，再加上摄影测量的使用成本较为低廉，操作简便，因此得到了广泛应用。

摄影测量技术的发展起源于1851年，在1851年至1859年，法国的劳塞达特上校使用相机进行了建筑物交会摄影的初期探索。20世纪初期，出现了立体观测的技术方法，1911年自动立体测图仪的出现，标志着地面立体测量的理论与技术方法的成熟。随着飞机的出现，航空摄影测量也随之产生。在第一次世界大战中便应用了此方法测量地形图，标志着航空摄影测量无论是在理论还是技术装备上都进入了飞速发展的时期。表1-1为摄影测量发展简史[①]。

表1-1 摄影测量发展简史

时间	人物	事件
1839年	达古赫	研制发明第一张照片
1858年	加斯帕尔·费利克斯·图纳琼(法国)	利用气球拍摄了第一张地面照片
1859年	—	用于测量建筑物的地面摄影测量技术出现
1889年	S. 芬斯特沃德(德国)	采用地面摄影测量技术量测冰川
1901年	C. 普费里希(德国)	研发了立体坐标测量仪

① 董秀军.三维空间影像技术在地质工程中的综合应用研究[D].成都：成都理工大学，2015.

续表

时间	人物	事件
1903年	莱特兄弟	发明了飞机
1909年	W.莱特	拍摄第一张航空像片
1914—1918年	—	第一次世界大战实现了航空侦查照相
1918年后	—	航空摄影应用于地形测量
1921年	奥勒尔(奥地利)	立体自动测图仪
1924年	曼乃斯	发明彩色胶卷
1937年	戈达尔特	拍摄第一张彩色航空摄影照片
1951年	宾·克罗司比	发明录像机
1957年	苏联	第一颗人造地球卫星发射
1962年	首届"环境遥感讨论会"	"遥感"一词出现
1966年	美国地质调查局	发射地球资源观测卫星
1969年	贝尔实验室	CCD器件原型
1972年	喷气推进实验室	CCD阵列
1975年	柯达实验室	数码相机获取第一张数码照片
1989年	柯达	商业化的数码相机出现
20世纪80年代	—	数字摄影测量软件出现
20世纪90年代	—	数字摄影测量系统全面使用

随着摄影测量技术的不断发展与应用范围的逐渐扩大，它也不断地同其他先进技术融合到一起，如计算机技术。计算机的迅速发展有力地推动了数字图像处理技术的发展，从而产生了图像压缩、复原、编码、分割、边缘检测等一系列的技术术语。进一步来看，数字摄影测量与计算机视觉的研究息息相关，采用计算机视觉技术，可以赋予计算机通过二维图像感知空间环境中物体的三维几何信息的能力。

综上所述，摄影测量经历了模拟阶段、解析阶段和数字阶段三个发展演化阶段（见表1-2）。传统摄影测量向数字摄影测量转化，也使得传统的测绘向新兴的信息产业发展，促使数字摄影测量应用领域不断拓展。

表1-2 摄影测量发展三阶段的特点

发展阶段	模拟阶段	解析阶段	数字阶段
发展时期	1900—1970年	1970—1990年	1990年至今
原始资料	像片	像片	数字化影像、数字影像
投影方式	物理投影	数字投影	数字投影
仪器设备	模拟测图仪	解析测图仪	计算机、外围设备
操作方式	作业员手工	机助作业员操作	自动化、人工干预

模拟摄影测量的作业过程大致可以划分为以下两个阶段：第一个阶段是影像的几何反转，即在室内把摄影测量的过程用机械或者光学的方法模拟出来，使像片在摄影时的空间方位以及姿态等关系得到恢复，并建立与实地区域相匹配的缩小模型，这一过程称为影像的几何反转；第二个阶段是测量，即在前一阶段建立的模型的表面上进行测量。使用这种方法所能达到的测量精度的高低主要取决于内业的测量设备，所以，这一阶段摄影测量的研究重点主要在摄影测量内业仪器的研发上。

随着计算机技术的不断发展，摄影测量的研究人员开始致力于借助计算机技术来解决摄影测量中的计算问题，由此在20世纪50年代末提出了一系列新技术，如解析空中三角测量、解析测图仪和数控正射投影仪结合的技术，即摄影测量技术开始由模拟阶段逐步向解析阶段过渡。

随着计算机技术等信息技术的进一步发展，数字图像处理以及模式识别等技术在摄影测量领域也逐渐地被采用了，摄影测量学以此为标志，开始进入到数字摄影测量的阶段。与模拟摄影测量、解析摄影测量作业方式相比，数字摄影测量作业方式的特点主要表现为：

（1）数字摄影测量的作业处理过程中不再像以前那样严重依赖比较精密的光学和机械仪器。

（2）数字摄影测量是以数字影像(或者说是数字化影像)作为原始的资料信息，其处理过程也与前两种方法不同，它是以计算机视觉来观测的，并不像前两种方法那样利用人眼进行立体观测，从而实现图像及其他被解译对象的图形信息的自动提取。

（3）数字摄影测量的产品形式是多种多样的，比如数字地图、正射影像地图等图形形式，也有模型形式，比如数字地面模型等。

总的来说，数字摄影测量这门学科相比于其他学科出现较晚，也较为年轻。但是，数字摄影测量这门学科所采用的技术较为先进，比如其在进行立体观测时，已经能够利用计算机代替人眼进行观测。正是由于这种技术的先进性，使得摄影测量技术有了快速的发展。

数字摄影测量的发展时间虽然仅有短短数年，但发展速度较快。不但能够获得所需的数字图像，还能够直接获取图像的外方位元素，便于得到数字高程模型(DEM)、数字表面模型(DSM)等一系列数字影像成果。在数字摄影测量的发展过程中，采用"计算机视觉"替代"人眼视觉"，摄影测量、全球定位系统、全站仪测量系统和新兴的三维激光扫描技术不断相互融合，使得它已经与三维可视化紧密地联系在一起，在地形测量、城市建模、计算机仿真、模拟、影视动画等领域得到了广泛应用，极大地扩展了数字摄影测量的应用领域。

1.4　摄影测量技术国内外的研究现状

本节内容主要从三个方面来简要介绍摄影测量技术在国内外的研究现状。

1.4.1　传统摄影测量外业控制点布设

解析空中三角测量采用摄影测量解析法来确定区域内所有影像的外方位

元素。传统摄影测量中，通常采用测定点位的方法来确定影像的外方位元素。首先是求未知点的大地坐标值，并且要保证在每个模型中至少有四个这样的已知点。已知点的具体坐标是通过影像上量测的像点和几个外业控制点的坐标计算得出的。在各模型中若满足有四个及以上的已知点，便能够通过这些数据计算得到影像的外方位元素。因而，解析空中三角测量也称为摄影测量加密。解析空中三角测量的应用比较广泛，主要集中在两方面：一方面为摄影测量加密和地形测图；另一方面为高精度的摄影测量加密。

但是，在利用空中三角测量这一技术时，主要是为了得到测区影像的加密成果，而且这一加密成果还得满足工程项目的精度要求。要达到这样的要求，就需要在测区内布置并测量很多的地面控制点，这样外业作业量就大大增加了，特别是在一些施测比较困难的地区。因此，从19世纪50年代开始，各国的测量学者就开始研究使用附加参数的辅助空中三角测量技术，希望以此能减少对外业控制点的依赖，并减轻野外劳动者的工作量。过去，研究人员多采用高差仪和地平摄影机数据以及计算机控制的相片导航系统的数据作为辅助数据。但是，这些辅助数据并没有在当时的摄影测量实践中得到广泛的应用，主要是因为当时的技术条件有限，获得这些辅助数据的成本较高，且获取的数据的精度并不高。

1.4.2 GPS辅助空中三角测量

直到20世纪中后期，随着全球定位系统GPS定位技术的出现，全球范围内的测绘学工作者开始研究怎样才能将GPS技术应用于空中三角测量中。GPS定位技术可以实时地进行定位，测点在特定坐标系中的三维坐标成果也可以被实时地提取出来，并且定位精度很高，正因为如此，其成为全球范围内测绘学者的研究重点。

摄影中心的三维坐标值可以在航摄仪曝光时刻利用载波相位差分定位技术获得。我国在较早时期就使用了GPS辅助空中三角测量技术，也建立了较为完整的理论。并且我国自行研制了两套空中加密软件——WuCAPS和

Geolord-AT，这两套软件都具有GPS辅助光束法区域网平差功能。在GPS辅助航空摄影测量技术领域，我国也研制出了具有中国特色的使用技术体系，这些都是在经过大量的理论研究和大量的生产实践后所取得的。

1.4.3　GPS/INS辅助空中三角测量

GPS/INS辅助空中三角测量技术在近些年来越来越受到各国测绘学者的重视。从20世纪80年代以来，西方各发达国家的一些惯性导航系统的制造厂商就开始对GPS与INS的组合系统进行研究，并且取得了不错的成就。目前已经有两种应用GPS/INS组合技术的系统投入商业生产，它们分别是德国IGI公司研制成功的AEROGPS/INS组合控制系统和加拿大Applanix公司研制成功的POS/AV系统。

我国的测绘学者也十分重视这一技术的发展，并经过多年的努力，研制出了国产的SDWC系统，即Si Wei Digital Camera系统，这一系统在国际上处于先进水平。此外，中国科学技术研究院的测绘工作者们在2002年前后从德国IGI公司引进了它们的AEROGPS/INS组合控制系统。应用这一系统，测绘工作者们在中国安阳市的平原地区做了一次试验，此次试验所覆盖的面积为12.5 km^2，是比例尺为1∶1 000和1∶5 000的测绘成图工作。这次试验验证了该系统的精度，并为我国以后的航空摄影测量作业提供了依据。

在最近几年，我国的一些测绘生产单位及科研院所，如中科院、武汉大学和西安国测航摄遥感有限公司等，也相继购入了加拿大Applanix公司的产品，通过不断试验和进行实际生产，收到了较好的效果。不过，想要将此系统在航空摄影测量作业中大规模地投入生产，还需要进一步的研究。

总的来说，虽然我国在航空摄影测量领域取得了很不错的成果，但这并不能说明我国在该领域的研究达到了国际领先水平。如我国在机载POS系统、光学成像镜头、CCD制作工艺等方面的研究还处在较低的水平。因此，当前我国航空摄影测量发展的一个重要目标，便是研发出具有自主知识产权的数字航空摄影仪。

1.5 摄影测量学的新发展

当代摄影测量技术的发展主要集中在两个方面：第一方面是传感器系统的发展；第二方面是数据记录介质的改变。其中，在传感器的发展方面具有两个突出的特点：新型传感器的发展和传感器位置与姿态测定系统的发展。同时，数据记录的介质也从传统的胶片发展为面阵CCD或线阵CCD所组成的电子器件，这使得获取的影像直接为数字影像，省去了摄影测量中模数转换的过程，有利于摄影测量数字化进程的发展。目前国际上大像幅数字航摄仪的应用已经比较成熟，如DMC、ADS40与ADS80 (目前成熟的机载三线阵CCD传感器)等传感器。

1.5.1 RC30

由瑞士WLD公司生产的RC30是20世纪80年代的主流航摄仪，同系列还有RC10、RC20等。配备了较先进的前移补偿装置和自动曝光仪等装置的RC30比起同时代的其他航摄仪有很大的优势。RC30镜头具有高分辨率和高透光率的特性，基本上可以忽略镜头畸变。其数据记录类型为全色、红外、彩色和彩红外胶片式。它是一种模拟光学航摄仪，该类型的航摄仪对天气的要求较苛刻，而且获得的数据以胶片进行记录，由于胶片色彩的还原能力等因素的局限性，越来越制约摄影测量完全数字化的发展进程。

1.5.2 DMC数字航摄仪

Digital Mapping Camera（DMC）数字航摄仪是由Z/I Imagine公司研发的，

它是利用面阵CCD技术的大像幅量测型数字航摄仪。

DMC镜头系统由卡尔蔡司公司设计和制造的镜头组成，共8个，在相机中间的4个镜头是全色波段镜头，分别处在四周的4个镜头是多光谱镜头(R、G、B、NIR)。各单独的全色镜头配备了7 000×4 000的大面阵CCD传感器，其像素大小为12μm×12μm。每个多光谱镜头配有3K×2K的CCD传感器。其特殊的成像装置可以把获得的影像数据整合为一幅有虚拟投影中心、固定虚拟焦距(120mm)的"合成"影像，尺寸为7 680×13 824像素。

1.5.3 ADS40/ADS80

Airborne Digital Sensor（ADS）数字航摄仪与DMC采用的原理不同。ADS是采用线阵CCD技术，集成GPS和IMU装置的推扫式数字航摄仪。以ADS40为例，它采用了10条线阵CCD，有4条宽度为12K的线阵CCD用于R、G、B和NIR的多光谱成像；其余6条，每两条是一组，一共分成了3对线阵CCD，用来从前视、下视和后视3个方向获得全色波段的立体影像。

ADS80是比ADS40在数据采集性能、数字航摄仪参数与光谱参数方面都更加先进的数字航摄仪，它也是线阵推扫式航摄仪，是可以提供子像元级精度数据的宽幅数字航空摄影测量系统。

摄影测量从模拟摄影测量阶段开始，经历了解析摄影测量阶段，发展到今天的数字摄影测量阶段，使整个摄影测量领域发生了翻天覆地的变化，对相关的生产、科研、教学等都产生了极其深远的影响。而随着近些年GPS技术、惯性导航技术、数字航摄相机技术、激光扫描、雷达等高精尖技术的成熟，与电子计算机技术紧密结合，开发了多种摄影测量软件，在适应历史潮流的过程中推动了数字摄影测量的发展[①]。

---

① 崔毅.基于数字摄影测量系统的三维量测与应用[D].北京：北京建筑工程学院，2011.

第2章　摄影与航空航天摄影

所谓摄影，指的是利用光学物镜的成像原理，在像面上形成的被摄景物的光学影像被记录在感光材料上，再通过一系列摄影处理获取该景物对应的影像的全过程。

目前广泛应用的数码相机，所拍摄景物的影像都以数字的形式存储在半导体芯片中，并且能够输入到计算机中显示、浏览并输出图像。

从理论和实践两方面来看，对摄影的全过程和操作方法加以分析和探讨即为摄影学。摄影学是利用物理、化学、机械制造和电子技术等学科发展起来的一门学科。

利用摄影技术能够较为准确地记录所摄景物的物理信息和几何信息，因而，摄影技术已经在日常生活、社会工作、经济建设、文化、教育、体育卫生、科学研究和军事侦察等方面得到了广泛应用。本章主要阐述摄影技术的重要应用领域——航空摄影和航天摄影。

2.1 摄影机概述

2.1.1 摄影基本原理

摄影过程可以看作是小孔成像（也称中心投影、针孔模型）。小孔成像假设物体表面的反射光可以通过一个针孔投射到像平面，它满足了光的直线传播条件。

普通摄影机的结构如图2-1所示，镜箱就像一个不透光匣子，前端安装镜头，其作用为聚集被摄景物的反射光，使其投影到像面上。镜头中间安装可调节孔径的光圈，通过调节镜头的使用面积，从而调控进入镜头的光通量。光圈越大，进入镜头的光通量就越多。镜头的前面装有快门，可以调节摄影时的曝光时间。镜箱的后端安装有用来观察被摄景物影像的玻璃。镜箱的前端与后端是用不透光的皮腔连接在一起的。前后端间的距离是可调节的，通过平行移动前后端来调节镜头和玻璃间的距离，从而达到获得清晰影像的要求[①]。

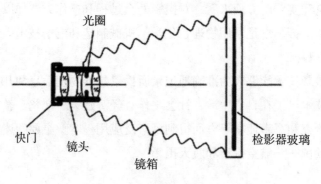

图2-1 普通摄影机的结构

---

① 杨博.数字摄影测量技术在交通事故现场勘测中的应用方法研究[D].上海：上海交通大学，2010.

2.1.2 摄影机基本结构及参数

2.1.2.1 摄影物镜和焦距

物镜是摄影机的重要组成部分。摄影机的物镜包括多个凹、凸透镜，共同构成了光学系统。这个系统能够让镜头前方的光束聚集到一起，在胶片上聚焦，从而获得清晰可辨的影像。

一个物镜具有多种特征，包括一对主点、一对焦点和一对节点以及物镜的焦距 f。其中，焦距数值的大小与透镜曲率的半径、透镜玻璃的折射率、透镜的厚度以及透镜间的距离有直接关系。物镜的焦距标注在镜头的外框上。

焦距的大小是构像大小的重要影响因素，在其他因素都相同的条件下，焦距越长，得到的影像的比例尺就越大。除此以外，物镜的焦距也影响着乳剂层表面的照度。

2.1.2.2 光圈和光圈号数

物镜边缘的光线会使获得的影像产生较大的变形。为了避免边缘光线的干扰，便在物镜的透镜组中间设置了一个孔径光阑，也就是光圈。

相机光圈位于相机镜头中心位置，起两个作用：调节物镜使用面积的大小和调节进入物镜的光量。物镜的入射光孔被称为有效光孔，其直径被称为有效孔径，表示为 A。直径越大时，进入的光线越强，影像的亮度也就越大。有效孔径的大小可以通过光圈进行调节，经常使用的虹形光圈由多个镰刀形的黑色金属薄片叠加构成。在调节过程中，只需要转动物镜框上的专用圈，这些薄片便会向同一个圆心发散或收敛，这便实现了光圈孔径大小的调节。图2-2所示为虹形光圈。

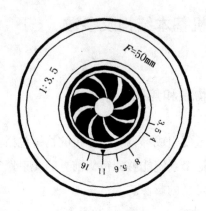

图2-2　虹形光圈

上面的分析表明，经过物镜的光通量与物镜有效孔径的大小有直接联系。但是对于一个物镜来说，所得到影像的亮度不仅受有效孔径的影响，还受到焦距大小的影响。一般把有效孔径与物镜焦距的比值称作相对孔径（A/f），该数值可以代表影像照度。据此可以得出，构像的亮度与相对孔径的平方成正比。通常来说，相对孔径都不超过1，用相对孔径的倒数代表物镜的光通量更便于使用。相对孔径的倒数称作光圈号数，可表示为$k=f/A$。物镜筒光圈环上注明的光圈号数，是以2作为公比的等比级数，如

$$1.4,\ 2,\ 2.8,\ 4,\ 5.6,\ 8,\ 11,\ 16,\ 22,\ 32$$

光圈号数每调一挡，需要的曝光时间也就改变一倍，从而得到相同的曝光量，获得相同的构像亮度。例如，采用光圈号数5.6，曝光时间1/100s，其曝光量较合适，则当选用光圈号数8时，其曝光时间就是1/50s。

随着光圈号数的增大，所对应的相对孔径逐渐减小，从而增强纵深景物影像的清晰度。在摄影过程中，为了使纵深景物构像的清晰度更大一些，应选用小光圈、大光圈号数，并适当增加曝光时间。

2.1.2.3　景深和超焦点距离

图2-3所示为景深示意图，用摄影机摄取一定距离内的景物时，都是在二维像平面上进行构像，这时能够达到构像公式要求的物距是D。假设在物

距为D的地方，有一个与光轴垂直的平面，在此平面上的所有物点都符合构像公式，都能够形成清晰的构像点。不过，在实际应用中，物体都是三维的，对于物距超过或不到D的景物，例如B和C，由于没有达到构像公式的要求，其在像片平面上形成的构像就形成了一个模糊的圆圈，称为模糊圆。模糊圆的直径表示为ε。

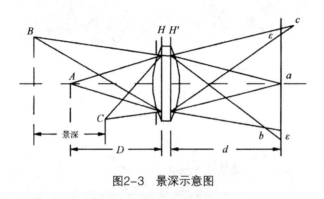

图2-3　景深示意图

景深是指被摄景物可以形成较清晰影像的最近点至最远点的距离。景深与镜头焦距有关。摄影时，在调焦对光、选定光圈号数后，近景距离和远景距离就确定了。

2.1.2.4　摄影机快门

快门是用来控制曝光时间的机件。打开快门到关闭快门所用的时间为曝光时间，也可称为快门速度。使用频率较高的快门有中心式快门和焦面式快门。图2-4所示为中心式快门，它由3～5个非常薄的钢片构成，安装位置是物镜透镜组的中间。进行曝光时，按下控制钮，快门就会由中心往外打开，到了预定的曝光时间，快门便会关闭，停止曝光。此种快门的优势在于控制快门开闭的过程中，感光材料的全像幅都曝光。图2-5所示为焦面式快门，焦面式快门是由不透光的黑色橡皮布卷帘制成的，位于感光材料的前端，卷帘上有条和卷帘运动方向垂直的缝隙。在没有曝光的情况下被转轴卷起来；在曝光情况下，卷帘则在感光材料的前面移动，缝隙经过的地方就被曝光了。通过调节缝隙的宽度或缝隙的运动速度，便可以实现曝光量的调节，也就是调整了曝光时间。此种快门的优点为感光材料不同部位的曝光量一致。

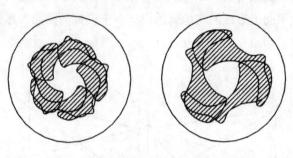

图2-4　中心式快门

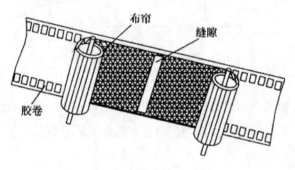

图2-5　焦面式快门

光圈、景深和快门是摄影时必须注意的几个相机参数，关系到像片的清晰程度。

2.1.3　摄影机分类

从摄影测量角度分类，摄影测量中采用的摄影机包括量测用摄影机和非量测用摄影机两类。前者是专业摄影机，得到的像片能够用于摄影测量；后者包括日常生活中使用的普通摄影机、摄像机等。

2.1.3.1　量测用摄影机

　　量测用摄影机和普通摄影机的主要构成相同，其不同之处在于，量测用摄影机镜头具有更高的精密程度、更加精细复杂的结构，并且光学性能良好，物镜畸变差较小、分辨率高、透光性强，机械结构稳定，可以按照设计要求的不同实现自动连续摄影。

　　量测用摄影机包括航空摄影机和地面摄影机。下面仅对航空摄影机进行简要介绍。

　　航空摄影机又称航摄仪，是安装在航空飞行器上用于地面影像拍摄的仪器，其结构包括镜箱、暗匣、座架与操纵器。由于航摄仪的设计达到了较为精密的测量要求，使得它本身具有较多优异性能：物镜成像分解力高，物镜成像畸变差小，物镜透光率高，光学影像反差大，焦面照度均匀，焦面上设置有框标，有胶片压平系统，像距为定值，有减震装置。

　　与非量测用摄影机相比，量测用摄影机的优点包括：

　　（1）量测用摄影机具有固定的已知像距。

　　航空摄影机在空中摄影的过程中，其物距明显很大，对物镜进行调焦是固定的，都是将焦点定在无穷远处，换句话说，摄影过程中的像距是固定的，能够视作与物镜的焦距等长。地面摄影机在进行地面摄影测量的过程中，通常是根据不同的分段确定的物距进行调焦，实现对地面不同距离物体的摄影。

　　（2）量测用摄影机承片框上具有框标。

　　量测用摄影机镜箱的后端有一个金属框架，框架的四条边都在同一平面内，这个平面就是像平面，并且该平面与主光轴垂直。框架的中间部分即为像幅。框标分为两种：一种为机械框标，需要在框架每条边的中点都标记一个框标记号；另一种为光学框标，需要在框架的四个角上都标记框标记号。

　　把每个框标中两两对应的框标相连，就能够形成像平面框标坐标系，从而确定像点的位置。图2-6（a）为机械框标示意图，将两个相对的框标连接起来，分别为x轴、y轴，连线的交点为坐标系的原点；图2-6（b）为光学框标示意图，将两个相对的框标连接起来，两条连线的交点就是坐标系的原点，过原点并且平行于上方（或下方）框标连线的直线为x轴，过原点且垂直于x轴的直线为y轴。

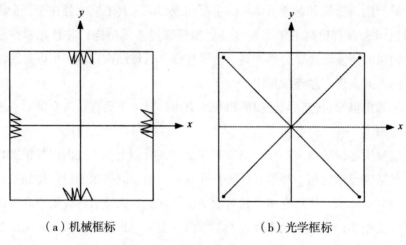

（a）机械框标　　　　　　　　　　（b）光学框标

图2-6　机械框标与光学框标示意图

（3）量测用摄影机的内方位元素值是已知的。

摄影机物镜的后节点在像片平面上得到的投影就是像主点。像主点同物镜后节点两者间的距离是摄影机主距，也就是像片主距。在理想的设计情况下，像主点在框标坐标系原点的位置，不过由于在实际制造过程中存在一定的误差，使得像主点的位置出现偏差，其在框标坐标系中的坐标值为（x_0，y_0），该点可以精确测得。像片主距与像主点在框标坐标系中的坐标值称为摄影机的内方位元素（或像片的内方位元素）。据此可以确定物镜后节点在框标坐标系中的具体位置。

2.1.3.2　非量测用摄影机

非量测用摄影机不是为摄影测量专门设计的摄影机。它的种类多样，包括各类普通照相机、电影摄影机等。技术上的先进代替不了其固有的硬件缺陷，以普通数码相机为例，由于普通数码相机是非量测型的，不是专门为摄影测量设计的，所以其内方位元素和构象畸变参数是未知的，并且不能直接测得。普通数码相机的焦距可以调节，镜头、机身和CCD后背之间的机械结构不稳定，加上在操作和运输等环节中会出现振动和碰撞，都会引起内方位元素和构象畸变参数的变化。另外，普通数码相机还存在较大的光学畸变、面阵内畸变和CCD安装误差，使其影像的畸变差较大。所以，要想使普通数码相机的内方位元素和镜头畸变差等相应的参数固定不变，需对相机的参数进行检校，并对影像进行重采样，这是非量测型摄影机应用于实际摄影测量时必须要开展的工作。

2.2　航空摄影

2.2.1　航空摄影测量原理

随着科学技术的发展及制造业技术的进步，航空摄影测量领域内出现了许多新技术、新方法。这些新技术、新方法的出现，不但可以提高作业效率，还可以大大减少传统摄影测量的内外业工作步骤和程序，减轻了外业工作量。主要有：

（1）数字摄影测量技术以及数字摄影测量工作站的出现，使得整个摄影测量内外业工作的智能化程度得到提高。数字摄影测量与模拟摄影测量和解析摄影测量在作业内容上的最大不同体现在，它是用数字化影像来作为原始的处理资料；在进行立体观测时，它是以计算机视觉来观测，用人眼进行立体观测的观测方式。所以，数字摄影测量在成果的处理精度上，比模拟摄影测量和解析摄影测量有成倍的提高。

（2）数码航摄仪的出现，使得数字摄影测量不再像模拟摄影测量和解析摄影测量那样采用硬拷贝像片作为原始的影像处理资料，而是采用以灰度值表示的数字化影像作为原始处理资料。经过长期在不同地区的实际应用，表明在生产效率和数据成果等方面与传统的胶片航摄仪相比，有了显著的进步和提高。随着高分辨率数码相机和扫描仪在摄影测量工作中的使用，其在量测上下视差（m_q）时，精度也有了很大的提高，在现有条件下m_q的值达到0.015甚至更高是完全可以做到的。m_q值的精度的提高，对基线数的提高和高程控制点的减少有直接的作用。而外业控制点数量的减少，又可以减轻外业的工作量。

（3）随着20世纪七八十年代GPS技术的出现及不断地成熟，因其高精度的特性，GPS数据作为辅助数据应用于航空摄影测量作业中，这使得航空摄影测量在大比例尺地形测绘中有了精度可言。为提高其精度，测绘工作者对其展开了大量的研究。

（4）随着惯性导航系统INS成本的降低，INS辅助航空摄影测量技术也已经成为测绘领域较为常用的方法。

其中，在方法（3）（4）中，能在航摄仪曝光的瞬间，直接算出像片的外方位元素，因此，减少了对外业像控点的依赖。并且这两种技术手段都可以达到很高的解算精度，也提高了航空摄影测量的效率[1]。

2.2.2　航空影像在国内外的发展现状

航空影像也称航摄像片，指的是采用航空摄影装置拍摄的所有遥感像片。

2.2.2.1　航空影像在国内的发展现状

20世纪70年代之前，国内航空影像只限于军方使用，主要用于侦察和地形测图，得到的假彩色照片可以夸大自然景观中肉眼不能识别的目标，军事上可识破敌方的各种伪装。20世纪70年代之后，随着计算机技术和相关理论

---

[1] 赵志刚.航空摄影测量外业像控点布设的精度分析及应用[D].西安：长安大学，2015.

技术的发展，航空影像的应用方法和应用范围不断扩张，可用于农作物产量估测、林分特征估测、城市规划、交通管理等各个领域。

航空影像具有获取便捷性、高效性和高信息容纳性，近几十年国内各行各业的专家学者一直在从事摄影测量方面的研究，发展趋势可大致分为以下几个方面：一是从单影像、双视立体影像发展多视立体影像，早期使用的单影像是利用阴影来推算高程和验证生成的假设，但是阴影只有在完全平坦且没有遮挡的地面才能用来计算高程，因此只能在极端的情况下使用，而多视立体影像是三个以上影像按特征进行匹配的，从而可减少对物体本身特征的掌握，但能够为重建提供大量信息，提高重建的可靠性和精度；二是从灰度信息的利用到彩色甚至多光谱信息的利用，大多数系统只是利用灰度信息，即使是彩色的影像也只是将其转化成灰度影像，使处理快捷方便，但是彩色影像包含了更多的信息，对于影像分割、边缘提取具有很重要的意义；三是从二维/三维的独立处理到两者的互动，早期是对每个影像提取的二维信息分别进行分组，然后匹配，但是往往无法提取所有特征，且存在假特征，现在的互动处理，可以用三维匹配排除假特征，利用二维区域信息引导三维编组；四是成像几何、目标知识与空间推理的利用更加全面和深入，影像点的共线、线段的平行、垂直是二维特征编组的基础，核线、灭点、三视影像点、线的关系是多视影像几何处理的基础，区域拓扑关系与空间推理的应用可以简化编组的搜索等；五是从影像信息处理发展到多源信息的集成处理，从影像进行三维重建比较困难，因此新的趋势是航空影像与其他数据的联合研究，这些数据可以是DSM或者扫描地图，地图描述了地面分布，提供了要集中处理的区域，同时还提供了形状等有用信息，使地图和影像各自的特性得到充分利用，因此，特征提取、匹配、编组可以在小范围内完成。DSM可以由立体匹配或激光扫描得到，目前有更多系统采用DSM提取研究区域特征值。

2.2.2.2 航空影像在国外的发展现状

1858年，法国人托尔纳松从热气球上第一次成功地拍摄了巴黎地区的像片，开创了从空中观察地球的历史。1909年，美国人莱特首次从飞机上对地面拍摄像片。第一次世界大战期间，航空像片被用于侦察敌方战斗队形和地形情况，修测地图，推动了航空摄影测量的发展。航空像片被用于地形测图时，不仅要求像片有较高的分辨率，还要求其具有精确的几何性能（如内方位元素保持不变、畸变差小等）和地面的立体覆盖。1945年，西隆在一次军队组织的英联邦森林资源调查中，利用航片把土地划分为几类明显的植被类型，将每种类型的边界转绘成1英寸的图，并粗略地指明各个区域是农业区、商品林区或是防护林区。1946年，阿诺德将调查区划分为上层林和下层林，并记录树种组成百分比、龄级与密度。20世纪70年代开始，由于计算机的发展，林业工作者逐步开始使用计算机进行林业调查和研究，1974年，阿米登应用地理信息系统绘制林像图，并展望了自动化/半自动化成图系统在林业管理中的应用前景。20世纪90年代开始，航片技术迅速发展，应用领域迅速扩大，常用的航片为中比例尺的全色（黑白）航片、红外航片和彩色航片。航片可用来制作林业基本图和影像图，经常用来对林业和土地进行划分类型。具体来说，在林业中利用航片来识别林分特征，包括树种、树高、郁闭度、冠幅、林分蓄积量等。俄罗斯的林业工作者，利用高分辨率的航片，采用扫描仪和计算机对航片进行解译，制作影像林相图取代了传统的纸质林相图。在处理航片的过程中，对航片的中心参考点位置进行定位，以便于利用数字摄影测量理论与技术进行测量。北美地区的林业工作者通常采用中比例尺航片，建立立体航空像对，基于立体像对进行林分特征的估测，并制作林像图。Carreiras等人使用航片测量林木冠幅，发现使用航摄像片测量冠幅较小的区域具有较高的探测分辨率，而冠幅较大的区域的探测分辨率为中等。Nowak等人采用航摄像片测量了兰开斯特州、加利福尼亚州和路易斯安那州的城市林木覆盖率，得知公园及居民区通常林木覆盖率最高，并指出航片是测量城市林木和其他表面植被最详细和高效的方法。从上述发展可以看出，航片在林业领域被广泛用于林分特征的估测，而确保测量精度的前提则是需要准确判读航片，Mats Erikson基于航片研究了森林中树木冠幅的分割方法，即在空间域和彩色域中同时使用判定函数（包括像素或不包括像素），树冠的不规则形状就被分隔开了，而外框形状可用于后期的树种分类。测试结果得出：测量30次精度均达到93%以上。

尽管航片能够相对精准地估测林分特征，不过利用此方法并不能解决所有问题，仅用于测量林业调查中的部分因子，而林业调查应是多种理论与技术的相互综合，只有将全站仪、全球定位系统、惯性测量系统、摄影测量与遥感、地理信息系统等技术集成为一体，才能全方位表征林业特征。

2.2.3　航空摄影新应用

随着现代测绘技术的快速发展，再加上GPS全球定位系统的飞速发展和大范围的应用，以及GIS地理信息系统的理论研究和实际应用不断深化，推动了航空摄影测量朝着科学、高效和实用性方向发展。其新应用主要体现在以下几个方面。

2.2.3.1　像片控制测量方面

过去采用的像控测量的方法将随着GPS动态定位技术的发展而被新的测量方法所替代。在进行航测单像测图和双像测图的过程中，都需要利用一定的像片控制点，过去采用解析空中三角测量的方法来获取。解析空中三角测量用到的外业控制点需要航测人员进行实地选择，是通过地形控制测量的方法确定的。这种方法目前仍然在采用，但不得不承认这种方法影响了成图的效率。目前，GPS动态定位技术发展迅速，GPS接收机不断更新换代，这些发展都为机载GPS接收机进行空间动态定位奠定了基础，并且能够提升测定精度。其工作原理是：GPS接收机的定位点与航摄仪镜头中心点相对位置是固定的。这样，航空摄影时摄影仪每次曝光瞬间镜头中心点S的空间位置X_S、Y_S、Z_S成为已知。

另外，在飞机上额外安装用于求解摄影时的姿态角的辅助设备，便能够确定像片的外方位元素。把外方位元素直接用于解析空中三角测量中进行区域网联合平差计算，这时可以选择一个地面控制点为基准，便能够确定与常规电算加密方法同一精度的加密点坐标，并能够直接用于后续航测制图，因此这样大大提高了航测测图的精度，并使得外业像控的工作变得十分简单。随着航空摄影越来越广泛的应用，以及在成图速度和精度方面的要求，这种方法将会取代原有的求像片控制点的方法。

2.2.3.2　像片测图方面

基于摄影测量的数字测图将更有明显的优越性。随着计算机技术的普及和不断提高，已经应用了几十年的航测模拟法测图，逐渐被数字测图方法代替。目前，航测成图主要面对着两个需要解决的任务：将原来国产或进口的模拟测图仪改造为数字测图仪以及发展并完善数字化测图。摄影测量的数字测图是在机助和机控摄影测量系统上以获取存储于计算机中的数字地图为目标的作业过程。它与地图数字化、野外测量数字化一起构成了地学数据库的采集源。在上述数据采集方法中，航测数字测图明显优于野外数据采集和地图数字化方法。因而，航摄像片包含着非常丰富的地表信息量，人们能够把所需的信息借助数字测图系统直接引入GIS。与此同时，还可获得急需的地形图、地籍图之类的产品。

2.2.3.3　地籍测图方面

在地籍测量工作中，人们早就开始使用全站仪来测定界址点的坐标，不过，当地面的通视条件较差、界址点的数量达到上万个时，全站仪也不能产生更好的效果。在该条件下，采用航测数字测图系统对界址点进行测定时，立体观测航空摄影是在空中向下确定界址点的，当然就不会出现通视条件差的问题。而且可以测制所需要的地籍图，同时这些成果的数据又自然地进入GIS中，可以随时被调用，在地籍测量中将发挥更大作用。

2.2.3.4　在GIS方面的发展

由于摄影测量具有信息量丰富的特点，已成为介入GIS的主要学科之一。由于GIS要求测绘行业直接提供数字形式的产品，传统的平板仪测量、航测综合法、模拟法测图将逐步被淘汰。随之而来的数字化测绘生产体系的建立，使数字摄影测量、数字遥感图像处理等处理技术得到迅速发展。用数字摄影测量的方法将成为GIS数据采集的主要手段，将成为必然趋势。摄影测量具有信息量丰富、现势性好、速度快、成本低等特点。它已从过去只满足中、小比例尺测图发展到目前用数字测图方法测制完全符合精度要求的大比例尺地图，并且直接可以给GIS提供数据源。近些年，有关人员正在研究直接处理来自航空像片灰度影像的软件，这将更有效地利用航空像片这一信息资源。

航空摄影测量的这些新的发展将使其在测绘及其他行业发挥越来越重要、越来越广泛的应用。

2.3 航天摄影

航天摄影测量是随着空间技术、摄影技术、图像数字传输、图像处理和电子计算技术的发展而产生的新技术，它是以人造地球卫星、宇宙飞船和航天飞机等航天器为运载工具，用各种传感器（可见光、微波、高光谱等）在轨道空间对地球或其他行星进行探测，并根据获取的信息进行判读和几何处理，以测制或修测地图。

同其他测绘地图的手段相比，航天摄影测量手段具有非常明显的优势，主要包括以下几点。

（1）不受国界限制，可实现全球测绘。

航天器绕地球飞行，其工作高度一般在200km以上，不存在侵犯领空问题，可以不受国界限制，可以对全球任意地区进行观测，获取必要的探测数据，通过数据处理，达到测制或修测全球范围地图的目的。

（2）获取资料迅速，数据处理效率高。

航天器进入轨道以后，可以对地球进行持续观测，理想情况下，一个回归周期即可完成全球数据的获取，比较典型的如美国于2000年执行的航天飞机雷达地形测绘任务（SRTM），仅用11天时间就完成了约占地球陆地面积

80%、1.233亿km²的地理空间数据获取，获取的数据经美国、德国等西方国家2~3年的联合处理，获得了统一基准的高精度全球DEM。使用航天摄影测量以外的其他手段，不可能具有如此高的数据获取效率。

（3）成图作业效率高，经济效益显著。

苏联1984年公布的资料表明：航天摄影测量较航空摄影测量的效率提升明显，其中内业工作效率提高2.7倍，外业工作效率提高11.4倍。设M_k为成图比例尺分母，M_p为摄影比例尺分母，C为经济效益系数，则摄影测量的经济效益可表示为：

$$M_p = C\sqrt{M_k}$$

以测制1：50 000比例尺地形图为例，航天摄影测量一般使用摄影比例尺为1：700 000的卫星像片，此时经济效益系数C=3 130；航空摄影测量一般使用摄影比例尺为1：35 000~1：75 000的航空像片，平均比例尺按1：50 000计算，此时经济效益系数C=223。两者相比效益相差约13倍。

2.3.1 航天摄影测量现状

使用航天摄影测量手段获取地理空间信息，具有航空摄影测量等其他手段无法比拟的突出优点，得到各个国家的重视，经过50多年的持续发展，目前已经达到很高的技术水平：影像分辨率为0.4m，定位精度优于3m，可以直接测绘1：5 000比例尺的地形图。

在发展航天摄影测量的过程中，各个国家采取的技术路线不尽相同，可以概括归纳为以胶片为记录介质的返回式摄影测量卫星和以线阵CCD器件为探测单元的数字传输型摄影测量卫星。其中返回式摄影测量卫星传感器以美国的LFC、俄罗斯的TK-350以及中国的CHXJ-2为代表；数字传输型摄影测量卫星则以法国的SPOT-5，日本的ALOS，美国的lkonos-2、QuickBird-2、GeoEYE-1等为代表。下面分别进行简要介绍。

2.3.1.1 LFC大幅面测绘相机

由英国ITEK公司于1980年研制成功，相机焦距305mm，相对孔径1/6，幅面230mm×460mm，装片量45kg（约4 000幅），在飞行高度约278km，用高分辨率全色黑白胶片（EK3414）摄影时，其地面分辨率为10m，目标定位精度约15m，高程精度7~28m，适合绘制等高距为20~80m的1∶50 000比例尺地图。该相机是航天飞机的有效载荷，1984年投入使用以来，航天飞机每次飞行时均进行摄影测量，在第一次海湾战争期间，还专门4次升空对伊拉克等中东地区进行摄影测量。

2.3.1.2 TK-350测绘相机

俄罗斯Kometa卫星系统的有效载荷包括：相机焦距350mm，幅面300mm×450mm，相对孔径1/5.6，视场角46°×65°，影像中心分辨率35lp/mm（边缘分辨率30lp/mm），镜头最大畸变20μm，胶片展平精度优于4μm。该相机2000年9月发射的那一次，主要用于大比例尺测图与其他数字测绘产品的生产，在无地面控制条件下，系统定位精度为：平面20~25m，高程10m；在有地面控制条件下，平面精度7~10m，高程精度5m，使用KVR-1000影像时，平面精度可以达到2~3m。

2.3.1.3 CHXJ-2大幅面测绘相机

中国第二代返回式摄影测量卫星的有效载荷，相机幅面230mm×460mm，焦距300mm，相机重叠精度±3%，光学系统的分辨率优于100lp/mm，采用国内最好的商用胶片，摄影系统的综合分辨率达到88lp/mm，单张像片的摄影覆盖面积约5.1万km^2。

2.3.1.4 SPOT-5卫星系统

SPOT-5卫星系统是法国开发的摄影测量卫星系统，于2002年5月发射。

该卫星采用太阳同步圆轨道，轨道高度818~833km，轨道倾角98.7°，周期101min，重访周期26d，指向精度0.05°，姿态补偿6×10^{-5}rad。卫星上装载有高分辨率传感器，地面像元分辨率5m，若使用超分辨率技术，地面像元分辨率可以达到3m，目标定位精度优于50m，使用DORIS进行轨道测量，实时精度可达到5m。

2.3.1.5 ALOS卫星系统

该卫星是日本宇航局研发的高分辨率对地观测卫星，于2006年1月24日发射。该卫星采用太阳同步圆轨道，轨道高度691.65km，轨道倾角98.16°，重访周期46d。卫星上装载高分辨率全色遥感立体测图仪（PRISM），采用三个独立的离轴三反式光学系统，可分别向前、下和后成像，获取空间分辨率2.5m的影像，正视影像地面覆盖宽度70km，前视、后视影像地面覆盖宽度35km。卫星上装载有高精度的卫星敏感器和双频GPS接收机，地面处理后摄站位置测定精度±1m，姿态测量精度0.72″，确定地面点的空间位置精度3~7.5m。

2.3.1.6 Ikonos-2卫星系统

该卫星是全球第一颗提供空间分辨率优于1m影像的商业光学照相卫星，由美国空间成像公司研究开发，于1999年9月24日发射。该卫星采用太阳同步圆轨道，轨道高度681~833km，轨道倾角98.1°，周期98min，重访周期最大14d，卫星上装载高分辨率光学相机，相机焦距约10m，地面成像带宽11~13km，可以获取空间分辨率优于1m的全色影像。该卫星携带有星载GPS接收机和星相机，可以获取高精度的外方位元素。

2.3.1.7 QuickBird-2卫星系统

该卫星是美国数字全球公司研发的，于2001年10月18日发射。该卫星采用太阳同步圆轨道，轨道高度450km，轨道倾角98°，重访周期1~3.5d，指向精度0.016°。卫星上装载高分辨率光学相机，可以获取空间分辨率为0.61m的全色影像以及2.4m的多光谱影像，通过地面处理，确定地面点的空间位置精度优于15m。

2.3.1.8　GeoEye-I卫星系统

该卫星是全球第一颗提供空间分辨率优于0.5m影像的商业光学照相卫星，由美国地眼公司研究开发，于2008年9月6日发射。该卫星采用太阳同步圆轨道，轨道高度型测绘卫星对其进行精化，获取重点地区高精度的地理空间信息产品[①]。

2.3.2　航天摄影测量基础

2.3.2.1　摄影测量卫星轨道高度

摄影测量卫星的轨道高度选择与摄影比例尺、卫星寿命以及运载工具能力等多种因素有关。摄影比例尺与相机焦距以及轨道高度密切相关，在相机焦距一定时，较低的轨道可以获得较大比例尺的摄影资料。卫星在轨运行期间，由于受地心引力等多种因素的综合影响，如果没有额外推力，卫星轨道会逐渐降低，为维持轨道高度需要增加推力，而增加推力需要消耗更多的能源，因此长寿命卫星一般都具有太阳能帆板。使用大推力的运载工具可以使卫星具有更高的轨道高度，从当前技术发展水平来看，大推力运载火箭已经投入使用，运载工具对轨道高度的限制较小。从航天摄影测量工程实践来看，返回型摄影测量卫星主要考虑摄影比例尺，一般选择低轨道（200km左右），寿命较短（约几十天）；传输型摄影测量卫星主要考虑长寿命，一般选

---

① 林卉，王仁礼.摄影测量学基础[M].徐州：中国矿业大学出版社，2013.

择中轨道（500km以上），寿命较长（3年以上）。

2.3.2.2　摄影测量卫星轨道倾角

摄影测量卫星的轨道倾角选择与摄影区域的最高纬度、运载工具能力以及近地点漂移等多种因素有关。摄影区域的最高纬度等于轨道倾角，如果摄影区域位于高纬度，必须选择较大的轨道倾角，如果摄影区域位于低纬度，则可选择较小的轨道倾角。轨道倾角愈大，卫星发射时能够利用地球自转的速度愈小，需要运载工具提供的推力也愈大，在满足对摄影区域覆盖的前提下，选择较小的轨道倾角有利于降低运载成本。轨道倾角等于临界角（63°26'或116°34'）时，近地点位置保持不变，当轨道倾角不等于临界角时，近地点会发生漂移，漂移量与轨道倾角和临界角的差值有关。在进行摄影测量时要求尽量保持近地点在轨道面上的位置不变，近地点漂移量越大，对轨道控制的要求越高。

2.3.2.3　摄影测量卫星回归周期

如果卫星按某种轨道运行，每天以整圈N经过同一地点，则称这类轨道为回归轨道。对于以可见光传感器为有效载荷的摄影测量卫星，一般选择太阳同步圆轨道，由于地球大气的影响，卫星轨道一般不能低于160km，卫星轨道周期大于88min，从而使回归数N小于17，通常N选为13，14，15或16，此时赤道上相邻星下点之间的平均距离分别为3 082km、2 862km、2 674km、2 504km，该距离远远大于摄影测量卫星的单轨道地面覆盖宽度，为了能够覆盖全球范围，摄影测量卫星一般选择准回归轨道。

设地球自转的角速度为$\omega = 360°/0.997\ 269d$（恒星日），轨道面的进动角速度为$\Omega$，卫星轨道周期为$T$，$k$，$m$为正整数，且$k/m$为不可约分数，若卫星轨道周期满足下列条件，则为准回归轨道，即：

$$\frac{360°}{(\omega - \Omega)} = N \pm \frac{k}{m}$$

或

$$m \cdot 360° = (Nm \pm k)(\omega - \Omega)T$$

即经过m天，卫星运行（$Nm \pm k$）圈，乘以卫星轨道周期T和地球对卫星轨道面的相对角速度（$\omega-\Omega$），正好等于地球自转$m \cdot 360°$，与原来的星下点轨迹相重合。m称为回归周期或覆盖周期，以天数表示。

对于准回归轨道，设赤道半径为R，赤道上相邻星下点之间的距离为d，则有：

$$d = \frac{2\pi R}{(Nm \pm k)}$$

当升交点东进时（逆行轨道），式中取"+"号，当升交点西退时（顺行轨道），式中取"–"号。

利用摄影测量卫星获取全球范围的基础地理信息时，一般需要形成摄影区域的完整覆盖，要求在赤道处相邻轨道摄影区域的重叠率在10%以上，以苏联的TK–350为例，其单轨道地面覆盖宽度为200km；若在赤道处相邻轨道摄影区域的重叠率为10%，单轨道有效地面覆盖宽度为180km，可以估算出回归周期$m \approx 15d$。

第3章　单张像片解析基础

摄影测量的主要任务是通过像点的平面坐标来确定地面点的空间坐标。本章主要阐述了单张航摄像片的解析基础，包括一些基本概念、基本理论和主要公式。

3.1　中心投影与正射投影

设空间中的点A，B，C，…都以某种规律形成投影射线，用某平面P截割投影射线，并在该平面得到所对应的投影点a，b，c，…，那么称平面P为投影面，在该平面所形成的图形为投影图。如果投影光线是相互平行的并且与投影面垂直，就是正射投影，如图3-1（a）所示。如果投影光线都交汇于一点，就是中心投影，图3-1（b）中的三个投射都是中心投影。投影光线相交的点S是投影中心，所得到的图即为透视图。

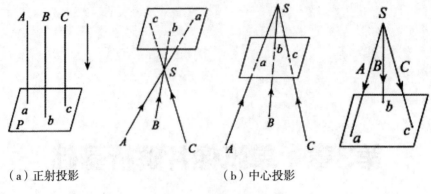

（a）正射投影　　　　　　　　（b）中心投影

图3-1　正射投影和中心投影

当航空摄影机对地面进行摄影时，地面点的光线经过物镜，在底片上得到的投影图，便是航摄像片。如图3-2所示，负片为投影面P，物镜中心为投影中心S，地面点A，B，C，D至S的光线为投影光线。因此，航摄像片就是被摄地面的中心投影，负片便是所摄地面的透视图。地图实际上就是地面在水平面上正射投影的缩小，二者是不同的，从这个角度来看，摄影测量可以被认为是研究并实现将中心投影的航摄像片转换为正射投影（地图）的科学与技术。

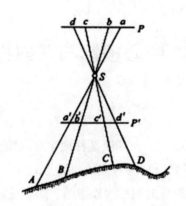

图3-2　航摄像片为地面的中心投影

由图3-2不难发现，负片上的投影与地面上景物的实际方向完全相反，因此，常称负片为阴位。假如负片P以投影中心S为中心翻转到P'的位置，得到的影像的方位便与地面相同了，称这一位置为阳位。阳位实际上是负片晒印后得到的正片，其几何性质与阴位完全一样，因此，在研究航摄像片的数学关系时，可以以正片位置为对象。

空间中某一点的中心投影便是一个确定的点。过一个物点只有一条投射光线，在投影平面也仅产生一个交点，如图3-3所示，A点的中心投影是a点。

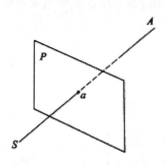

图3-3 点的中心投影

如图3-4所示，L为与投影面相交的一条空间直线，那么，要如何确定此直线在平面上的投影呢？空间直线上包含了无数个空间点，点A，B，C在投影面上的影像为a，b，c，过S作直线L的平行线，与投影面相交于点i，称这一点是直线L无穷远点在投影面上的影像，称点i为合点。直线L与投影面P的交点为t，称t为迹点或二重点，则it为直线L的中心投影或称为直线L的像。因此，空间直线与投影面相交时，得到的中心投影是一条线段。

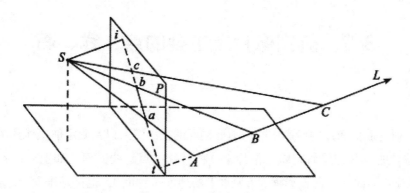

图3-4 空间直线的中心投影

如果直线L上有线段AB，那么，AB的中心投影也一定在it上，利用中心投影三点共线的原则，过投影中心作直线SA、SB，与线段it相交于点a、b，则线段ab就是段AB的中心投影。

假如一组空间直线L_1，L_2，…与L平行，平行线上的无穷远点在投影面上得到的构像也是合点i，因此，平行线组L_1，L_2，…在投影面P上的中心投影it是以点i与各平行线相应迹点的连线所组成的辐射直线束it_1，it_2，…，如图3-5所示。

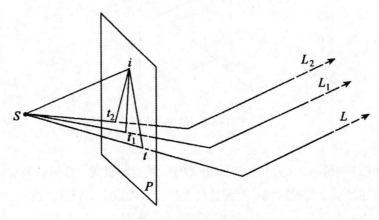

图3-5　平行线组的中心投影

3.2　航空像片上主要的点、线、面

研究航摄像片的摄影中心与地面之间的投影关系以及确定航摄像片的空间位置时，首先要研究航摄像片上一些特殊的点、线、面。如图3-6所示，P为倾斜的像片，即投影面，E为水平的地面（物面），也称基准面，S为摄影中心，E面与P面的交线TT又称为透视轴，透视轴上的点称为二重点。

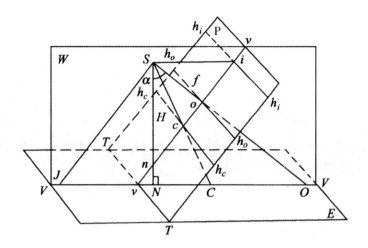

图3-6 航摄像片上特殊的点、线、面

3.2.1 航摄像片上特殊的点、线、面

如图3-6，过点S向P面作的垂线与像片面相交于o，与地面交于O，So称为摄影机轴，o称为像主点，$So=f$称为摄影机主距。摄影机轴与地面的交点O称为地面主点。

过S作垂直于E面的铅垂线，称其为主垂线，主垂线与像片面P的交点n称为像底点，与地面E的交点N称为地底点，SN称为航高，用H表示。

摄影机轴So与主垂线Sn的夹角α称为像片倾角。作角α的平分线与像平面交于点c，称其为等角点，相应地，与地面E的交点C称为地面等角点。

过主垂线Sn及摄影机轴So的垂面W称为主垂面。主垂面垂直于像片平面P，又垂直于地面E。主垂面W与像平面P的交线vv称为主纵线，与地面的交线VV称为基本方向线，显然，o，n，c在主纵线上，O，N，C在基本方向线上。过S作vv的平行线交VV于J，称其为循点。

过S作平行于E面的水平面Es，称其为合面（图中未画出），合面与像片面的交线h_ih_i称为合线，合线与主纵线的交点i称为主合点。过c，o分别作平

行于 $h_i h_i$ 的直线 $h_c h_c$，$h_o h_o$，分别称为等比线及主横线。

根据中心投影的特点可知，i 点是 E 面上一组平行于基本方向线 VV 的平行线束在 P 面上构像的合点，而 n 是一组垂直于 E 面的平行线束在 P 面上构像的合点。

综上所述，航摄像片上主要的点、线及与透视相关的点、线、面有：像主点 o、像底点 n、等角点 c、主合点 i、主纵线 vv、合线 $h_i h_i$、等比线 $h_c h_c$、基本方向线 VV 及主垂面 W 等。

3.2.2 几何关系

由图3-6可以看出特殊的点、线间的简单的三角关系，在像面上有：

$$\left. \begin{array}{l} on = f \cdot \tan\alpha \\ oc = f \cdot \tan\dfrac{\alpha}{2} \\ oi = f \cdot \cot\alpha \\ Si = ci = \dfrac{f}{\sin\alpha} \end{array} \right\}$$

同样，在物面上有：

$$\left. \begin{array}{l} ON = F \cdot \tan\alpha \\ CN = H \cdot \tan\dfrac{\alpha}{2} \\ SJ = iv = \dfrac{H}{\sin\alpha} \end{array} \right\}$$

上述各点、线在像片上尽管是客观存在的，但除了像主点在像片上容易找到外，其他的点、线均不能直接找到，需经过求解才能得到[1]。

---

[1] 王佩军，徐亚明.摄影测量学[M].武汉：武汉大学出版社，2016.

3.3 摄影测量中的坐标系

摄影测量几何处理的任务是根据像片上像点的位置确定相应地面点的空间位置，为此，首先必须选择适当的坐标系来定量描述像点和地面点，然后才能实现坐标系的变换，从像方测量值求出相应点在物方的坐标。摄影测量中常用的坐标系有两大类：一类用于描述像点的位置，称为像方坐标系；另一类用于描述地面点的位置，称为物方坐标系。

3.3.1 像方坐标系

像方坐标系用来表示像点的平面坐标和空间坐标。

3.3.1.1 像平面坐标系

像平面坐标系是以主点为原点的右手平面坐标系，用o–xy表示，如图3-7（a）所示，用来表示像点在像片上的位置，但在实际应用中，常采用框标连线交点为原点的右手平面坐标系P–xy，称其为像框标平面坐标系，如图3-7（b）所示。x轴、y轴的方向按需要而定，可选与航线方向相近的连线为x轴，若框标位于像片的四个角上，则以对角框标连线交角的平分线确定x轴、y轴。

在摄影测量解析计算中，像点的坐标应采用以像主点为原点的像平面坐标系中的坐标。为此，当像主点与框标连线交点不重合时，需将像框标坐标系原点平移至像主点，如图3-7（c）所示。当像主点在像框标坐标系中的坐标为x_0，y_0时，测量出的像点坐标x、y换算到以像主点为原点的像平面坐标系中的坐标为$x-x_0$，$y-y_0$。

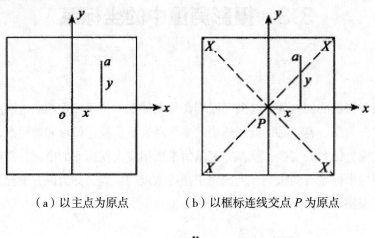

（a）以主点为原点　　　　（b）以框标连线交点 P 为原点

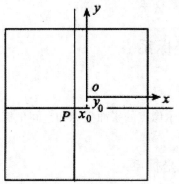

（c）将像框标坐标系原点平移至像主点

图3-7　像片平面坐标系

3.3.1.2　像空间坐标系

为了进行像点的空间坐标变换，需要建立起描述像点在像空间位置的坐标系，即像空间坐标系。以摄影中心 S 为坐标原点，x 轴、y 轴与像平面坐标系的 x 轴、y 轴平行，z 轴与光轴重合，形成像空间右手直角坐标系 S-xyz，如图3-8所示。在这个坐标系中，每一个像点的 z 轴坐标都等于 $-f$，而 x 轴、y 轴坐标就是像点的像平面坐标 x、y，因此像点的像空间坐标表示为 x，y，$-f$。像空间坐标系随着像片的空间位置而定，所以每张像片的像空间坐标系都是各自独立的。

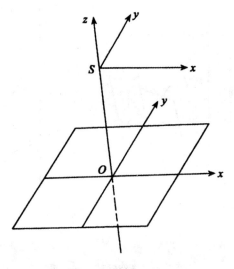

图3-8 像空间坐标系

3.3.1.3 像空间辅助坐标系

像点的像空间坐标可以直接从像片平面坐标得到，但由于各片的像空间坐标系不统一，给计算带来了困难，为此，需建立一种相对统一的坐标系，称为像空间辅助坐标系，用 S-uvw 表示，其坐标原点仍取摄影中心 S，坐标轴可依情况而定，通常有三种选取方法：

（1）取 u 轴、v 轴、w 轴分别平行于地面摄影测量坐标系 D-XYZ，这样同一像点 a 在像空间坐标系中的坐标为（x，y，z=（$-f$）），而在像空间辅助坐标系中的坐标为（u，v，w），如图3-9（a）所示。

（2）以每条航线第一张像片的像空间坐标系作为像空间辅助坐标系。

（3）以每个像片对的左片摄影中心为坐标原点，摄影基线方向为 u 轴，以摄影基线及左片光轴构成的平面作为 uw 平面，过原点且垂直于 uw 平面（左核面）的轴为 v 轴构成右手直角坐标系，如图3-9（b）所示。

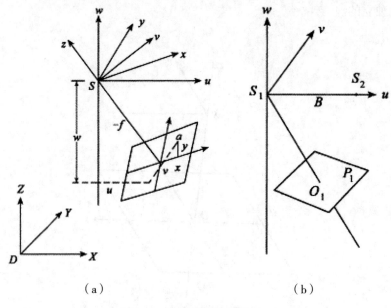

（a） （b）

图3-9 像空间辅助坐标系

3.3.2 物方坐标系

物方坐标系用于描述地面点在物方空间的位置，有地面测量坐标系及地面摄影测量坐标系两种。

3.3.2.1 地面测量坐标系

地面测量坐标系通常是指空间大地坐标基准下的高斯–克吕格6°带或3°带（或任意带）投影的平面直角坐标（例如1954年北京坐标系或1980西安坐标系）与定义的从某一基准面量起的高程（例如1956年黄海高程系或1985国家高程基准），两者组合而成的空间左手直角坐标系，用$T-X_tY_tZ_t$表示。摄影测量方法求得的地面点坐标最后要以此坐标形式提供给用户。

3.3.2.2 地面摄影测量坐标系

因像空间辅助坐标系是右手系，地面测量坐标系是左手系，给地面点由像空间辅助坐标系转换到地面测量坐标系带来了困难，为此，需要在上述两种坐标系之间建立一个过渡性的坐标系，称为地面摄影测量坐标系，用D–XYZ表示，其坐标原点在测区内某一地面点上，X轴大致位于与航向一致的水平方向，Y轴与X轴正交，Z轴沿铅垂方向，构成右手直角坐标系。摄影测量中，首先将地面点在像空间辅助坐标系的坐标转换成地面摄影测量坐标，再转换为地面测量坐标系。地面测量坐标系与地面摄影测量坐标系如图3-10所示。

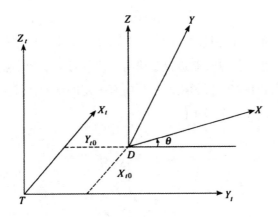

图3-10 地面测量坐标系与地面摄影测量坐标系

3.4 航摄像片的内、外方位元素

在进行航空摄影的过程中，像片和摄影中心、像片和地面之间有一定的几何关系，用来确定这些关系的参数就是像片的方位元素。像片的方位元素包括内方位元素和外方位元素。其中，用来表示摄影中心与像片相关位置的参数为内方位元素；用来表示摄影中心和像片在地面坐标系中的位置和姿态的参数为外方位元素。

3.4.1 航摄像片的内方位元素

用来描述摄影物镜像方节点与像片之间相关位置的参数为像片的内方位元素。内方位元素有三个，分别为摄影物镜像方节点到像片面的垂直距离（主距）f和像主点O在框标坐标系中的坐标（x_0，y_0），如图3-11所示。内方位元素的值一般是已知并且固定的，它是由摄影机生产厂家在实验室测得再提供给用户的。生产厂家在制造摄影机时，应尽可能令像主点处于框标连线交点。不过考虑到在安装摄影机的过程中有一定的误差，像主点与框标连线交点两者间通常存在一个微小值。

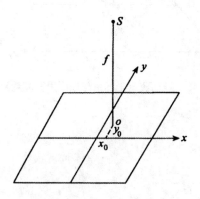

图3-11 像片的内方位元素

如果把航摄像片安装到与摄影机相似的投影镜箱中，恢复摄影时的内方位元素值，用灯光照明，便可以形成与摄影时完全相似的投影光束。内方位元素是建立测图所需要的立体模型的基础。在解析计算时，利用像片的内方位元素，可以直接将像点的框标坐标转换成像空间坐标系中的坐标。

3.4.2　航摄像片的外方位元素

在恢复内方位元素的基础上，确定航摄像片在摄影瞬间的空间位置和姿态的参数，称为像片的外方位元素。

一张像片的外方位元素有6个，其中3个是描述摄影中心（或物镜物方节点）S在物方空间坐标系中的坐标，是直线元素；另外3个是描述摄影光束空间姿态的角元素。航摄像片的外方位元素通常是未知的，且不同像片有不同的外方位元素值。

3.4.2.1　三个直线元素

三个直线元素是指在摄影瞬间，摄影中心S在地面摄影测量坐标系中的坐标(X_S, Y_S, Z_S)。如图3-12所示，为φ-ω-κ转角系统。

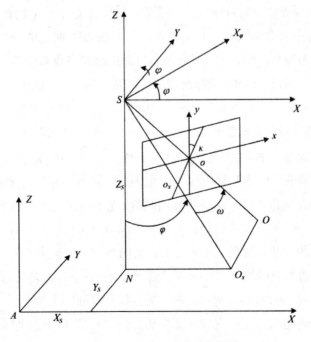

图3-12　$\varphi-\omega-\kappa$转角系统

3.4.2.2 三个角元素

三个角元素是描述像片（或摄影光束）在摄影瞬间的空间姿态的参数。其中两个角元素用以确定摄影机主光轴S_o在空间的方位，另一个角元素用以确定像片在像片平面内的方位。

主光轴空间方位的确定：以摄站为原点建立平行于地面摄影测量坐标系的像空间辅助坐标系，主光轴从垂直于地面的理想状态可以以不同的次序，通过两个角度旋转到实际的倾斜位置。根据所绕轴系和次序的不同，有三种角方位元素表达方式，也称三种转角系统。

（1）以Y轴为主轴的$\varphi-\omega-\kappa$转角系统。所谓主轴就是主光轴第一次旋转所绕的坐标轴。在$\varphi-\omega-\kappa$转角系统中，主光轴从铅垂位置出发（此时像空间坐标系和像空间辅助坐标系一致），先绕Y轴旋转φ角，X轴和Z轴也同时绕Y轴旋转φ角；然后主光轴再绕已转了φ角的X轴旋转ω角，到达实际摄影时的位置So；最后像片在自身的平面内绕主光轴旋转κ角，恢复摄影瞬间像片的空间方位，如图3-12所示。在此系统中，把主光轴第二次旋转所绕的X轴称为副轴。φ角称为航向倾角，它是主光轴So在XZ平面上的投影So与Z轴的夹角；ω角称为旁向倾角，它是主光轴与其在XZ平面上的投影So_y之间的夹角；κ角称为像片旋角，它是斜面So_yo与像片面的交线和像平面坐标系中x轴之间的夹角。各转角的正负号规定如下：从旋转轴（如Y轴）的某一端面对着坐标原点看，剩下的两坐标轴（如X轴、Z轴）应构成右手坐标系，此时转角绕轴逆时针方向旋转为正，反之为负。图中所示各角度均为正。

（2）以X轴为主轴的$\varphi'-\omega'-\kappa'$转角系统。在$\varphi'-\omega'-\kappa'$转角系统中，X为主轴，Y为副轴。如图3-13所示，ω'角为旁向倾角，它是主光轴在YZ平面上的投影So_y与z轴的夹角；φ'角为航向倾角，它是主光轴与其在YZ平面上投影So_y的夹角；κ'角为像片旋角，它是斜面So_yo与像片面的交线和像平面坐标系x轴之间的夹角。转角的正负号的定义同$\varphi-\omega-\kappa$转角系统。

（3）以Z轴为主轴的$A-\alpha-\kappa_v$转角系统。在$A-\alpha-\kappa_v$转角系统中，Z为主轴，X为副轴。如图3-14所示，三个角方位元素的定义如下：主垂面方位角A，它是主垂面与地面的交线（即摄影方向线VV）和物方坐标系Y轴的夹角，规定从Y轴正方向顺时针旋转至摄影方向线VV时为正；像片倾角α，它是主垂面内主光轴与Z轴的夹角，α角恒为正值；像片旋角κ_v，它是主垂面与像片的交线（即主纵线VV）和像平面直角坐标系y轴的夹角，从主纵线的正方向起逆时针旋至y轴正方向为正角。图中各角度都为正。

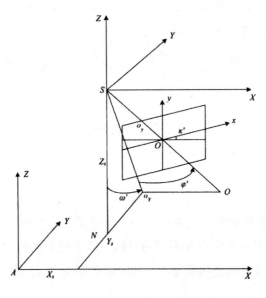

图3-13　$\varphi' - \omega' - \kappa'$ 转角系统

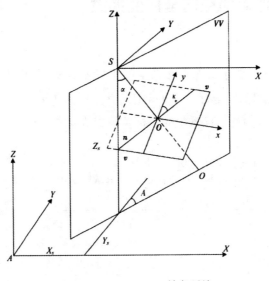

图3-14　$A - \alpha - \kappa_v$ 转角系统

上述三种转角系统中，$\varphi-\omega-\kappa$ 转角系统通常在模拟、解析和数字双像测图时采用，而 $A-\alpha-\kappa$ 转角系统只在单张像片测图时使用。

航摄像片的外方位元素通常是未知的，而且每张像片的外方位元素的值都不一样。但是，这些外方位元素可以通过地面控制点解算，也可以用全球定位系统等仪器在摄影瞬间实时测定[1]。

3.5 像点在不同坐标系中的变换

在进行解析摄影测量的过程中，为了使用像点坐标来求得相应的地面点坐标，最开始需要建立像点在不同的空间直角坐标系之间的坐标变换关系。下面分析像点在像空间坐标系与像空间辅助坐标系之间的坐标变换。

3.5.1 像点的空间坐标变换式

如图3-9（a）所示，像点在像空间坐标系 $S-xyz$ 中的坐标为（x，y，$z=(-f)$），在像空间辅助坐标系 $S-uvw$ 中，其坐标为（u，v，w），由解析几何可知，像点 a 在这两种坐标系中的坐标关系式为：

$$\begin{bmatrix} u \\ v \\ w \end{bmatrix} = \begin{bmatrix} a_1 & a_2 & a_3 \\ b_1 & b_2 & b_3 \\ c_1 & c_2 & c_3 \end{bmatrix} \begin{bmatrix} x \\ y \\ -f \end{bmatrix} = \boldsymbol{R} \begin{bmatrix} x \\ y \\ -f \end{bmatrix} \qquad （3-5-1）$$

---

① 李明泽，于颖.摄影测量学[M].哈尔滨：东北林业大学出版社,2018.

式中，R 为旋转矩阵；a_i，b_i，c_i（i=1，2，3）是方向余弦，即两坐标轴系间夹角的余弦值。其中 $a_1 = \cos(ux), \cdots, c_3 = \cos(wz)$，这一关系式可由表3-1给出。

表3-1 $a_1 = \cos(ux), \cdots, c_3 = \cos(wz)$ 关系式

cos	x	y	$z = -f$
u	a_1	a_2	a_3
v	b_1	b_2	b_3
w	c_1	c_2	c_3

若将式（3-5-1）展开，可得：

$$\left. \begin{array}{l} u = a_1 x + a_2 y - a_3 f \\ v = b_1 x + b_2 y - b_3 f \\ w = c_1 x + c_2 y - c_3 f \end{array} \right\} \tag{3-5-2}$$

显然，这一坐标关系的反算式为：

$$\begin{bmatrix} x \\ y \\ -f \end{bmatrix} = \boldsymbol{R}^{-1} \begin{bmatrix} u \\ v \\ w \end{bmatrix} \tag{3-5-3}$$

可证得，上述坐标变换属正交变换，其旋转矩阵 $\boldsymbol{R}$ 称为正交矩阵。由于 $\boldsymbol{R}^{\mathrm{T}} = \boldsymbol{R}^{-1}$，式（3-5-3）也可表示为：

$$\begin{bmatrix} x \\ y \\ -f \end{bmatrix} = \boldsymbol{R}^{\mathrm{T}} \begin{bmatrix} u \\ v \\ w \end{bmatrix} = \begin{bmatrix} a_1 & b_1 & c_1 \\ a_2 & b_2 & c_2 \\ a_3 & b_3 & c_3 \end{bmatrix} \begin{bmatrix} u \\ v \\ w \end{bmatrix} \tag{3-5-4}$$

式（3-5-1）及式（3-5-4）是像点在像空间坐标系和像空间辅助坐标系之间变换的基本关系式。

3.5.2　确定方向余弦

方向余弦指的是像空间坐标系与像空间辅助坐标系相应两坐标轴系间夹角的余弦值，但按式（3-5-1）所定义的上述两种坐标系，并不能确定相应两坐标轴系间的夹角，因而不能直接通过两轴系间夹角求得余弦。

根据上述分析可得，像空间坐标系可看作由像空间辅助坐标系经三个角度的旋转而得到的，也就是说，像空间辅助坐标系经过三个外方位角元素的旋转后，能够与像空间坐标系重合。因此，求方向余弦时并不是根据两坐标轴系间的夹角，而是根据三个外方位角元素来计算两坐标轴系间夹角的余弦值。由于外方位角元素有三种不同的选取方法，所以用角元素来计算方向余弦也有三种表达式。下面仅以φ-ω-κ转角系统为例推导方向余弦的表达式，其他转角系统直接给出。

3.5.2.1　用φ，ω，κ表示方向余弦

分析像点在像空间坐标系与像空间辅助坐标系中的关系式时，首先假设像空间坐标系与像空间辅助坐标系相应三轴分别重合，称为起始位置。从起始位置出发，像空间辅助坐标系先绕v轴旋转φ角，使$S-uvw$坐标系变成$S-X_\varphi Y_\varphi Z_\varphi$坐标系；然后绕$X_\varphi$轴旋转$\omega$角，使$S-X_\varphi Y_\varphi Z_\varphi$坐标系变成$S-X_{\varphi\omega} Y_{\varphi\omega} Z_{\varphi\omega}$坐标系，使$Z_{\varphi\omega}$轴与光轴$So$重合；最后像片再绕$Z_{\varphi\omega}$轴（$So$轴）旋转$\kappa$角。经上述三个角度的旋转后，像空间辅助坐标系与像空间坐标系完全重合，如图3-15所示。

（1）$S-uvw$坐标系绕v轴旋转φ角后得$S-X_\varphi Y_\varphi Z_\varphi$坐标系，因$v$轴与$Y_\varphi$轴重合，其像点$a$在$v$轴上的坐标分量不变，其实质是一个二维的旋转变换，如图3-16所示，两坐标系的关系式为：

$$\left.\begin{array}{l} u = X_\varphi \cos\varphi - Z_\varphi \sin\varphi \\ v = Y_\varphi \\ w = X_\varphi \sin\varphi + Z_\varphi \cos\varphi \end{array}\right\}$$

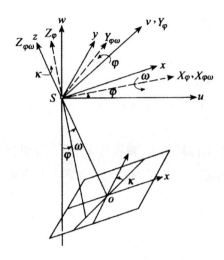

图3-15 坐标旋转

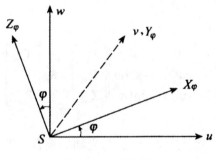

图3-16 旋转φ角

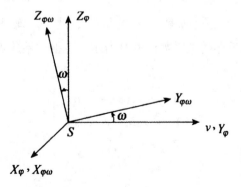

图3-17 旋转ω角

上式写成矩阵的形式为：

$$\begin{bmatrix} u \\ v \\ w \end{bmatrix} = \begin{bmatrix} \cos\varphi & 0 & -\sin\varphi \\ 0 & 1 & 0 \\ \sin\varphi & 0 & \cos\varphi \end{bmatrix} \begin{bmatrix} X_\varphi \\ Y_\varphi \\ Z_\varphi \end{bmatrix} = \boldsymbol{R}_\varphi \begin{bmatrix} X_\varphi \\ Y_\varphi \\ Z_\varphi \end{bmatrix} \qquad (3-5-5)$$

（2）$S-X_\varphi Y_\varphi Z_\varphi$ 坐标系统绕 X_φ 轴旋转 ω 角后，得到 $S-X_{\varphi\omega} Y_{\varphi\omega} Z_{\varphi\omega}$ 坐标系，此时像点在两种坐标系中的关系如图3-17所示，其中 X_φ 轴坐标不变，变换关系式可写为：

$$\left. \begin{aligned} X_\varphi &= X_{\varphi\omega} \\ Y_\varphi &= Y_{\varphi\omega}\cos\omega - Z_{\varphi\omega}\sin\omega \\ Z_\varphi &= Y_{\varphi\omega}\sin\omega + Z_{\varphi\omega}\cos\omega \end{aligned} \right\}$$

写成矩阵形式为：

$$\begin{bmatrix} X_\varphi \\ Y_\varphi \\ Z_\varphi \end{bmatrix} = \begin{bmatrix} 1 & 0 & 0 \\ 0 & \cos\omega & -\sin\omega \\ 0 & \sin\omega & \cos\omega \end{bmatrix} \begin{bmatrix} X_{\varphi\omega} \\ Y_{\varphi\omega} \\ Z_{\varphi\omega} \end{bmatrix} = \boldsymbol{R}_\omega \begin{bmatrix} X_{\varphi\omega} \\ Y_{\varphi\omega} \\ Z_{\varphi\omega} \end{bmatrix} \qquad (3-5-6)$$

值得注意的是，此时的 $Z_{\varphi\omega}$ 轴已与光轴 So 重合，即与像空间坐标系的 z 轴重合。

（3）$S-X_{\varphi\omega} Y_{\varphi\omega} Z_{\varphi\omega}\left(S-X_{\varphi\omega} Y_{\varphi\omega} z\right)$ 坐标系绕 z 轴旋转 κ 角后，得到 $S-X_{\varphi\omega\kappa} Y_{\varphi\omega\kappa} Z_{\varphi\omega\kappa}$ 坐标系（就是 $S-xyz$ 坐标系），此时，z 轴上的坐标分量不变，像点 a 在两种坐标系中的关系如图3-18所示。变换关系式可写为：

$$\left. \begin{aligned} X_{\varphi w} &= x\cos\kappa - y\sin\kappa \\ Y_{\varphi\omega} &= x\sin\kappa + y\cos\kappa \\ Z_{\varphi\omega} &= z = -f \end{aligned} \right\}$$

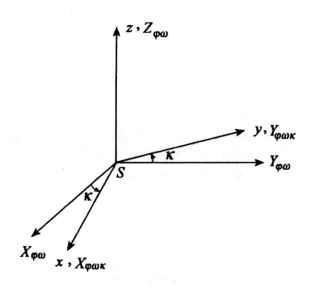

图3-18　旋转 κ 角

写成矩阵形式为：

$$
\begin{bmatrix} X_{\varphi\omega} \\ Y_{\varphi\omega} \\ Z_{\varphi\omega} \end{bmatrix} = \begin{bmatrix} \cos\kappa & -\sin\kappa & 0 \\ \sin\kappa & \cos\kappa & 0 \\ 0 & 0 & 1 \end{bmatrix} \begin{bmatrix} x \\ y \\ -f \end{bmatrix} = \boldsymbol{R}_\kappa \begin{bmatrix} x \\ y \\ -f \end{bmatrix}
\qquad (3\text{-}5\text{-}7)
$$

经回代，即将式（3-5-5）代入式（3-5-6）后再代入式（3-5-7），最后得

$$
\begin{bmatrix} u \\ v \\ w \end{bmatrix} = \begin{bmatrix} \cos\varphi & 0 & -\sin\varphi \\ 0 & 1 & 0 \\ \sin\varphi & 0 & \cos\varphi \end{bmatrix} \begin{bmatrix} 1 & 0 & 0 \\ 0 & \cos\omega & -\sin\omega \\ 0 & \sin\omega & \cos\omega \end{bmatrix} \begin{bmatrix} \cos\kappa & -\sin\kappa & 0 \\ \sin\kappa & \cos\kappa & 0 \\ 0 & 0 & 1 \end{bmatrix} \begin{bmatrix} x \\ y \\ -f \end{bmatrix}
$$

$$
= \boldsymbol{R}_\varphi \boldsymbol{R}_\omega \boldsymbol{R}_\kappa \begin{bmatrix} x \\ y \\ -f \end{bmatrix} = \boldsymbol{R} \begin{bmatrix} x \\ y \\ -f \end{bmatrix} = \begin{bmatrix} a_1 & a_2 & a_3 \\ b_1 & b_2 & b_3 \\ c_1 & c_2 & c_3 \end{bmatrix} \begin{bmatrix} x \\ y \\ -f \end{bmatrix}
\qquad (3\text{-}5\text{-}8)
$$

式中：

$$\left.\begin{array}{l} a_1 = \cos\varphi\cos\kappa - \sin\varphi\sin\omega\sin\kappa \\ a_2 = -\cos\varphi\sin\kappa - \sin\varphi\sin\omega\sin\kappa \\ a_3 = -\sin\varphi\cos\omega \\ b_1 = \cos\omega\sin\kappa \\ b_2 = \cos\omega\cos\kappa \\ b_3 = -\sin\omega \\ c_1 = \sin\varphi\cos\kappa + \cos\varphi\sin\omega\sin\kappa \\ c_2 = -\sin\varphi\sin\kappa + \cos\varphi\sin\omega\sin\kappa \\ c_3 = \cos\varphi\cos\omega \end{array}\right\} \quad (3-5-9)$$

3.5.2.2　用 φ'，ω'，κ' 表示方向余弦

采用上述方法，首先将坐标系绕主轴 u 旋转 ω' 角，在此基础上，再分别绕次主轴及第三轴旋转 φ' 角及 κ' 角，则 $S\text{-}uvw$ 与 $S\text{-}xyz$ 两坐标系重合。关系式为：

$$\begin{bmatrix} u \\ v \\ w \end{bmatrix} = \begin{bmatrix} 1 & 0 & 0 \\ 0 & \cos\omega' & -\sin\omega' \\ 0 & \sin\omega' & \cos\omega' \end{bmatrix} \begin{bmatrix} \cos\varphi' & 0 & -\sin\varphi' \\ 0 & 1 & 0 \\ \sin\varphi' & 0 & \cos\varphi' \end{bmatrix} \begin{bmatrix} \cos\kappa' & -\sin\kappa' & 0 \\ \sin\kappa' & \cos\kappa' & 0 \\ 0 & 0 & 1 \end{bmatrix} \begin{bmatrix} x \\ y \\ -f \end{bmatrix}$$

$$= \boldsymbol{R}_{\omega'}\boldsymbol{R}_{\varphi'}\boldsymbol{R}_{\kappa'} \begin{bmatrix} x \\ y \\ -f \end{bmatrix} = \boldsymbol{R} \begin{bmatrix} x \\ y \\ -f \end{bmatrix}$$

$$= \begin{bmatrix} a_1 & a_2 & a_3 \\ b_1 & b_2 & b_3 \\ c_1 & c_2 & c_3 \end{bmatrix} \begin{bmatrix} x \\ y \\ -f \end{bmatrix} \quad (3-5-10)$$

式中：

$$
\left.\begin{aligned}
a_1 &= \cos\varphi'\cos\kappa' \\
a_2 &= -\cos\varphi'\sin\kappa' \\
a_3 &= -\sin\varphi' \\
b_1 &= \cos\omega'\sin\kappa' - \sin\omega'\sin\varphi'\cos\kappa' \\
b_2 &= \cos\omega'\cos\kappa' + \sin\omega'\sin\varphi'\sin\kappa' \\
b_3 &= -\sin\omega'\cos\varphi \\
c_1 &= \sin\omega'\sin\kappa' + \cos\omega'\sin\varphi'\cos\kappa' \\
c_2 &= \sin\omega'\cos\kappa' - \cos\omega'\sin\varphi'\cos\kappa' \\
c_3 &= \cos\omega'\cos\varphi'
\end{aligned}\right\}
\qquad (3\text{--}5\text{--}11)
$$

3.5.2.3　用A，α，κ_α表示方向余弦

仍采用上述方法，但应注意A的值以顺时针方向为正，与式（3-5-8）类似的关系式为：

$$
\begin{bmatrix} u \\ v \\ w \end{bmatrix} =
\begin{bmatrix} \cos A & \sin A & 0 \\ -\sin A & \cos A & 0 \\ 0 & 0 & 1 \end{bmatrix}
\begin{bmatrix} 1 & 0 & 0 \\ 0 & \cos\alpha & -\sin\alpha \\ 0 & \sin\alpha & \cos\alpha \end{bmatrix}
\begin{bmatrix} \cos\kappa_\alpha & -\sin\kappa_\alpha & 0 \\ \sin\kappa_\alpha & \cos\kappa_\alpha & 0 \\ 0 & 0 & 1 \end{bmatrix}
\begin{bmatrix} x \\ y \\ -f \end{bmatrix}
$$

$$
= R_A R_\alpha R_{\kappa_\alpha}
\begin{bmatrix} x \\ y \\ -f \end{bmatrix} =
R \begin{bmatrix} x \\ y \\ -f \end{bmatrix} =
\begin{bmatrix} a_1 & a_2 & a_3 \\ b_1 & b_2 & b_3 \\ c_1 & c_2 & c_3 \end{bmatrix}
\begin{bmatrix} x \\ y \\ -f \end{bmatrix}
$$

$$\qquad (3\text{--}5\text{--}12)$$

式中：

$$
\left.\begin{aligned}
a_1 &= \cos A\cos\kappa_\alpha + \sin A\cos\alpha\sin\kappa_\alpha \\
a_2 &= -\cos A\sin\kappa_\alpha + \sin A\cos\alpha\cos\kappa_\alpha \\
a_3 &= -\sin A\sin\alpha \\
b_1 &= -\sin A\cos\kappa_\alpha + \cos A\cos\alpha\sin\kappa_\alpha \\
b_2 &= \sin A\sin\kappa_\alpha + \cos A\cos\alpha\cos\kappa_\alpha \\
b_3 &= -\cos A\sin\alpha \\
c_1 &= \sin\alpha\sin\kappa_\alpha \\
c_2 &= \sin\alpha\cos\kappa_\alpha \\
c_3 &= \cos\alpha
\end{aligned}\right\}
\qquad (3\text{--}5\text{--}13)
$$

需要强调的是，对于同一张像片，在同一坐标系中，当取不同旋角系统的三个角度计算方向余弦时，其表达式不同，但是相应的方向余弦值是彼此相等的，即由不同旋角系统的角度计算的旋转矩阵是唯一的，且九个方向余弦中只有三个独立参数。

若已经求出旋转矩阵中的九个元素值，根据式（3-5-9）、式（3-5-11）及式（3-5-13）可求出相应的角元素，即：

$$\left.\begin{aligned}\tan\varphi &= -\frac{a_3}{c_3} \\ \sin\omega &= -b_3 \\ \tan\kappa &= \frac{b_1}{b_2}\end{aligned}\right\} \quad \left.\begin{aligned}\tan\omega' &= -\frac{b_3}{c_3} \\ \sin\varphi' &= -a_3 \\ \tan\kappa' &= -\frac{a_2}{a_1}\end{aligned}\right\} \quad \left.\begin{aligned}\tan A &= \frac{a_3}{b_3} \\ \cos\alpha &= c_3 \\ \tan\kappa_\alpha &= \frac{c_1}{c_2}\end{aligned}\right\} \qquad (3-5-14)$$

3.6 中心投影的构像方程

航摄像片与地图是具有不同性质的投影，处理摄影影像信息的本质，是将中心投影的影像转变为正射投影的地图信息，因此，需要探讨像点与相应物点的构像方程式。

选择地面摄影测量坐标系 D-XYZ 及像空间辅助坐标系 S-uvw，并使两个坐标系的坐标轴彼此平行，如图3-19所示。

设摄影中心与地面点 A 在地面摄影测量坐标系中的坐标分别为 X_S，Y_S，Z_S（即像片三个直线外方位元素）和 X，Y，Z，地面点在像空间辅助坐标系中的坐标为 $X-X_S$，$Y-Y_S$，$Z-Z_S$，像点 a 在像空间辅助坐标系中的坐标为 u，v，w，由于 S，a，A 三点共线，因此，由相似三角形得：

$$\frac{u}{X-X_S} = \frac{v}{Y-Y_S} = \frac{w}{Z-Z_S} = \frac{1}{\lambda}$$

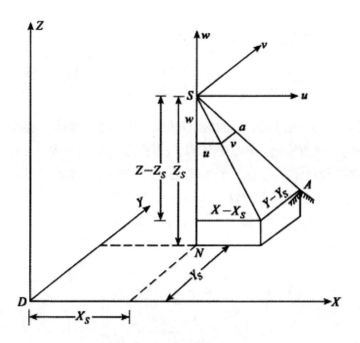

图3-19　中心投影构像关系

式中，λ为比例因子，用矩阵表示为：

$$\begin{bmatrix} u \\ v \\ w \end{bmatrix} = \frac{1}{\lambda} \begin{bmatrix} X - X_S \\ Y - Y_S \\ Z - Z_S \end{bmatrix} \qquad (3\text{-}6\text{-}1)$$

由式（3-6-1），得像点在像空间坐标系与像空间辅助坐标系的关系式为：

$$\begin{bmatrix} x \\ y \\ -f \end{bmatrix} = \begin{bmatrix} a_1 & b_1 & c_1 \\ a_2 & b_2 & c_2 \\ a_3 & b_3 & c_3 \end{bmatrix} \begin{bmatrix} u \\ v \\ w \end{bmatrix} \qquad (3\text{-}6\text{-}2)$$

将式（3-6-1）代入式（3-6-2），并用第三行算式去除第一、二行算式，得：

$$x = -f\frac{a_1(X-X_S)+b_1(Y-Y_S)+c_1(Z-Z_S)}{a_3(X-X_S)+b_3(Y-Y_S)+c_3(Z-Z_S)} \\ y = -f\frac{a_2(X-X_S)+b_2(Y-Y_S)+c_2(Z-Z_S)}{a_3(X-X_S)+b_3(Y-Y_S)+c_3(Z-Z_S)}$$

（3-6-3）

式（3-6-3）是中心投影的构像方程式，它描述了像点a、摄影中心S与地面点A位于一条直线上，所以又称为共线方程式。其中a_i，b_i，$c_i(i=1,2,3)$是由三个外方位角元素φ，ω，κ所生成的3×3正交旋转矩阵$\boldsymbol{R}$的一个元素。

共线方程式包括12个数据：以像主点为原点的像点坐标x，y，相应地面点坐标X，Y，Z，像片主距f及外方位元素X_S，Y_S，Z_S，φ，ω，κ。

式（3-6-4）的逆算式为：

$$X-X_S=(Z-Z_S)\frac{a_1 x+a_2 y-a_3 f}{c_1 x+c_2 y-c_3 f} \\ Y-Y_S=(Z-Z_S)\frac{b_1 x+b_2 y-b_3 f}{c_1 x+c_2 y-c_3 f}$$

（3-6-4）

共线方程式是摄影测量中最重要的公式，在解析摄影测量与数字摄影测量的过程中经常应用。在单像空间后方交会、双像摄影测量光束法、解析测图仪原理及数字影像纠正等过程中都可以使用此式。

3.7 航摄像片的像点位移与比例尺

3.7.1 航摄成像模式

空间点按照一定的成像方式在指定平面上的构像被称为该点的投影（Projection）。对于空间中的物点A，B和C，按照某种方式建立投影线并用承影面P截获，则在平面P内可获得物点对应的投影点a，b和c。如果投影线相互平行，则称之为平行投影（Parallel Projection）。特殊情况下，若投影线相互平行且垂直于承影面，则称之为正射投影（Orthographic Projection）；如果投影线相交于一点，则称之为中心投影（Central Projection）；投影光线相交于点S，则称之为投影中心点。其中，投影中心与物面和像面在同侧的称为阳位，投影中心在物面和像面之间的称为阴位。

航空摄影平台通常采用中心投影模式对地面进行成像，地面物体反射的光线在相机底片上成像，然后便可获得对应地面区域的航摄像片。

3.7.2 像点位移与投影差

只有当地面地形没有任何起伏并且与航摄像片均处于水平时，中心投影才等效于平行投影成像模式，此时像片成像结果达到理想状态。否则，地面上无论是起伏的地形还是高出地表的建筑、树木等地物，在航摄底片上的成像位置与其在平面上的位置相比都会存在一定差异，这种像点位置的变化被称为像点位移。引起像点位移的原因有地形起伏、像片倾斜、大气光线折射、地球曲率变化等，其中受像片倾斜、地形起伏这两种因素的影响较大，因地形起伏引起的像点位移被称作投影差[①]。

3.7.2.1 成像像片倾斜

如果地面处于水平状态，由摄影中心S向地面拍摄两张像片，分别是倾斜像片p和水平像片p^0，如图3-20所示。为了使两个像片产生一定的联系，可建立像平面坐标系，其中，坐标原点为公共的等角点c，x轴为等比线$h_c h_c$，y轴为主纵线，选取一个地面点A，该点在水平像片上的构像为a^0，其坐标为

---

① 陈松.城区正射影像镶嵌线自动化提取模型及应用研究[D].武汉：中国地质大学，2019.

x_c^0，y_c^0；在倾斜像片上的构像为a，其坐标为x_c，y_c。如果$ca = r_c$，$ca^0 = r_c^0$，r_c，r_c^0分别称为向径，且ca，ca^0与等比线的正向夹角分别为φ，φ^0，则称φ，φ^0为方向角，有$\tan\varphi = \dfrac{y_c}{x_c}$，$\tan\varphi^0 = \dfrac{y_c^0}{x_c^0}$，可以证明$\varphi = \varphi^0$。由此能够得出，在倾斜像片上由等角点发出至任意像点的方向线，所形成的方向角与水平像片上相应方向线的方向角相等。

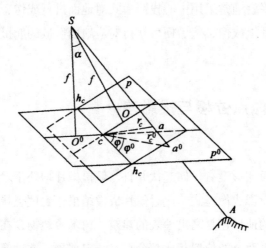

图3-20 倾斜像片与水平像片的关系

如果把倾斜的像片p绕等比线旋转到与水平像片重合，a与a^0一定在一条过等角点的直线上，则$\delta_\alpha = aa^0 = r_c - r_c^0$，称$\delta_\alpha$为因像片倾斜引起的像点位移，其近似表达式为：

$$\delta_\alpha = -\frac{r_c^2}{f}\sin\varphi\sin\alpha \qquad （3-7-1）$$

式中，f为摄影机主距；α为像片倾角。

因向径r_c与像片倾角α恒为正值，所以根据式（3-7-1）可得：

（1）当$\varphi = 0°$，$180°$时，$\delta_\alpha = 0$，$r_c = r_c^0$，等比线上的点不会产生位移，所以当地面水平时，在倾斜像片上，等比线上的像点具有水平像片的性质；

（2）当$\varphi < 180°$时，$\delta_\alpha < 0$，则$r_c > r_c^0$，像点朝向等角点位移；

（3）当$\varphi>180°$时，$\delta_\alpha>0$，则$r_c^0<r_c$，像点背向等角点位移；

（4）当$\varphi=90°$，$270°$时，$\sin\varphi=\pm1$，即在向径相等的情况下，主纵线上$|\delta_\alpha|$为最大值。

上面分析的是由于像片倾斜所形成的像点位移的规律，由此可得水平地面上任意正方形在倾斜像片上产生的构像是任意四边形。图3-21所示为水平地面上一个正方形，在水平像片上的构像仍是正方形，而在倾斜像片上的构像为梯形。在摄影测量中，此类形变的改正称为像片纠正。

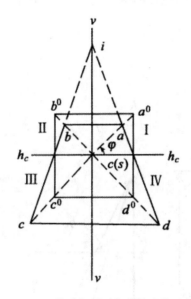

图3-21　像片倾斜引起的像点位移

倾斜角对像片平面精度的影响是可以通过像片纠正来消除的。像片的边缘部分的倾斜误差一般会比像片的中心部分大，所以尽量使用像片的中心，可以通过增加影像的重叠度来减小因相片倾斜引起的相对位移。

3.7.2.2　地形起伏

当地形存在起伏时，在水平像片和倾斜像片上，会由于地形起伏的出现而形成像点位移，这是中心投影与正射投影两种投影方法在地形起伏的情况下产生的差别，所以，因地形起伏引起的像点位移也称投影差。

为了方便进行讨论，下面仅推导像片水平时地形起伏引起的像点位移。

如图3-22所示，p^0为水平像片，E为摄影时的基准面，H是相对于基准面的航高，地面点A距基准面的高差为h，它在像片上的构像为a；地面点A在基准面上的投影为A_0，A_0在像片上的构像为a_0，a_0a即为因地形起伏引起的像点位移，用δ_h表示。令$na = r_n$（r_n为a点以像底点n为中心的向径），$NA_0 = R$（R为地面点到地底点水平距离），具有位移的像点a投影在基准面上为A'，A_0A'则称为图面上的投影差，用Δh表示。根据相似三角形原理可得

$$\frac{\Delta h}{R} = \frac{h}{H-h} \quad\quad (3-7-2)$$

$$\frac{R}{H-h} = \frac{r_n}{f} \qu\quad (3-7-3)$$

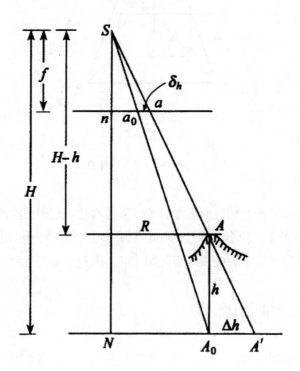

图3-22　地形起伏引起的像点位移

由于

$$\delta_h = \frac{\Delta h}{m} = \frac{f}{H}\Delta h \qquad (3-7-4)$$

利用式（3-7-2）、式（3-7-3）、式（3-7-4）三式可得

$$\delta_h = \frac{r_n h}{H} \qquad (3-7-5)$$

式（3-7-2）是由于地形起伏引起像片上像点位移的计算公式。

由式（3-7-2）可知，地形起伏引起的像点位移 δ_h 在以像底点为中心的辐射线上，当 h 为正时，δ_h 为正，也就是像点背离像底点方向位移；当 h 为负时，δ_h 为负，也就是像点朝向像底点方向位移；$r_n = 0$ 时，$\delta_h = 0$，说明位于像底点处的像点不存在地形起伏引起的像点位移。

根据式（3-7-2）可得图面上投影差的计算公式：

$$\Delta h = \frac{Rh}{H-h} \qquad (3-7-6)$$

由此得出，由于地形起伏产生的像点位移也会引起像片比例尺及图形的变化，而且由于像底点不在等比线上，因此，考虑到像片倾斜和地形起伏二者共同产生的影响，像片上的任一点都存在像点位移，且位移的大小随点位的不同而不同，这就出现了一张像片上不同点位的比例尺不相等的现象。

除了上面提到的几何因素会造成像点位移，物镜畸变、大气折光、地球曲率及底片形变等一些物理因素也会造成像点位移，它们对每张像片产生的影响都有相同的规律，属于一种系统误差，可以一定的数学模型来表示，所以，在模拟摄影测量中很难消除它，但在解析空中三角测量加密控制点时，可对原始数据中的像点坐标按一定的数学模型加以改正。此外，在解析测图仪和数字摄影测图系统中，通常也可以校正这种系统误差。

像点位移导致影像上起伏的地表以及地物产生了不同程度的几何变形，影像中任意一点都存在着方向和大小各不相同的像点位移，并引起像片比例尺发生变化。摄影测量的一个关键任务便是将中心投影的航摄像片纠正为正射投影下一定比例尺的可量测地形图。

航摄影像纠正的过程是基于影像对应的DEM数据以及内外方位元素等相关参数，将中心投影的影像利用逐像元数字微分纠正技术，转变为成图比例尺的可量测正射影像数据。用于正射纠正的DEM数据包含了地面高程的变化信息，而没有建筑、树木和车辆等非地表区域的高程信息。原始影像基于DEM进行数字微分纠正后得到DOM影像，可以消除由于像片倾斜引起的像点位移，减小或消除地形起伏引起的像点位移，但是建筑、树木和车辆等非地面地物区域并没有被纠正到与底部重合的位置，其投影差仍然存在。

由于投影差的存在，给定建筑物在两幅DOM上的形态并不相同，若镶嵌线直接穿过了建筑，则会导致镶嵌影像上的建筑区域出现较大的几何错位，破坏了地物的完整性与一致性，降低正射影像生产的质量。

3.7.3　航摄比例尺

3.7.3.1　像片比例尺的基本概念

像片上两点间的距离与地面对应的距离之比为像片比例尺。当像片水平且地面平坦时，像片比例尺为：

$$\frac{1}{m} = \frac{f}{H} \qquad (3-7-7)$$

式中，m 为比例尺分母；f 为像片主距；H 为摄影航高。

式（3-7-7）是在理想条件下的比例尺公式，是对像片比例尺的一种笼统或概略性的描述。在进行摄影测量的实际工程中，可以用式（3-7-7）计算摄影比例尺，其中，H 是测区内的平均高度面到投影中心的距离，因而所得的比例尺称为平均比例尺或主比例尺。

由于存在倾斜误差和投影误差，实际摄影像片在不同位置、不同方向的比例尺都是不同的，因此，要准确地描述像片的比例尺就必须清楚地反映任一像点及其任一方向的比例尺。为此，可采用点比例尺来表述实际摄影像片的比例尺。在图3-23中，设像片上任一点a在φ方向的无穷小线段为Δs，在地面上的相应线段为ΔS，则像片比例尺可定义为：

$$\frac{1}{m} = \lim_{\Delta s \to 0} \frac{\Delta s}{\Delta S} = \frac{\mathrm{d}s}{\mathrm{d}S} \qquad (3-7-8)$$

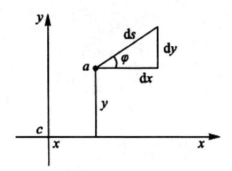

图3-23　像点比例尺

3.7.3.2　像片比例尺公式

为方便起见，用（c，C）系统下的共线条件方程来推导像片比例尺的具体表达式。

已知（c，C）系统下的共线条件方程为：

$$\left.\begin{array}{l} X = \dfrac{Hx\cos\alpha}{f - y\sin\alpha\cos\alpha} \\[4mm] Y = \dfrac{Hy\cos^2\alpha}{f - y\sin\alpha\cos\alpha} \end{array}\right\} \qquad (3-7-9)$$

对式（3-7-9）求微分可得：

$$\left.\begin{array}{l} \mathrm{d}X = H\dfrac{(f - y\sin\alpha)\mathrm{d}x + x\sin\alpha\,\mathrm{d}y}{(f - y\sin\alpha)^2} \\[5mm] \mathrm{d}Y = H\dfrac{f\,\mathrm{d}y}{(f - y\sin\alpha)^2} \end{array}\right\} \qquad (3-7-10)$$

则：

$$dS = \sqrt{dX^2 + dY^2}$$
$$= \frac{H}{(f - y\sin\alpha)^2}\sqrt{[(f - y\sin\alpha)dx + x\sin\alpha dy]^2 + f^2 dy^2} \quad （3-7-11）$$

于是有：

$$\frac{1}{m} = \frac{ds}{dS} = \frac{(f - y\sin\alpha)^2}{H\sqrt{\left[(f - y\sin\alpha)\dfrac{dx}{ds} + x\sin\alpha\dfrac{dy}{ds}\right]^2 + f^2\left(\dfrac{dy}{ds}\right)^2}} \quad （3-7-12）$$

从图3-23可知，$\dfrac{dx}{ds} = \cos\varphi, \dfrac{dy}{ds} = \sin\varphi$，所以有：

$$\frac{1}{m} = \frac{(f - y\sin\alpha)^2}{H\sqrt{[(f - y\sin\alpha)\cos\varphi + x\sin\alpha\sin\varphi]^2 + f^2\sin^2\varphi}} \quad （3-7-13）$$

式（3-7-13）就是像点比例尺的一般公式。从式中可以看出：

（1）像片比例尺与点的位置（x，y）有关，说明像片比例尺是随点位的不同而改变的。

（2）对同一个像点，若改变方向角φ，则比例尺发生变化，也就是说像片比例尺具有方向性。

（3）当地面有起伏时，即像点对应的H发生变化，则比例尺也随之改变，说明地形起伏会引起像片比例尺的变化。

（4）当像片水平，即$\varphi=0°$时，式（3-7-13）与式（3-7-7）一致，因此，式（3-7-7）是式（3-7-13）的一个特例。

3.7.3.3　特殊点线的比例尺

（1）等角点的比例尺。

等角点在（c，C）系统中的坐标为（0，0），因此该点的比例尺为：

$$\frac{1}{m_c} = \frac{f}{H} \qquad (3\text{-}7\text{-}14)$$

由此说明，等角点的比例尺不具备方向性，且与水平像片的比例尺一致。同时，式（3-7-14）也是等比线的比例尺公式。

（2）像主点的比例尺。

根据主垂面内的几何关系，像主点在（c，C）系统中的坐标为$x=0$，$y = f\tan\frac{\alpha}{2}$，代入式（3-7-10）可得像主点的比例尺为：

$$\frac{1}{m_o} = \frac{\left(f - f\tan\frac{\alpha}{2}\sin\alpha\right)^2}{H\sqrt{\left[\left(f - f\tan\frac{\alpha}{2}\sin\alpha\right)\cos\varphi\right]^2 + f^2\sin^2\varphi}} \qquad (3\text{-}7\text{-}15)$$

当$\varphi=0°$时，主横线的比例尺为：

$$\frac{1}{m_{oh}} = \frac{f}{H}\cos\alpha \qquad (3\text{-}7\text{-}16)$$

当$\varphi=90°$时，像主点沿主纵线方向的比例尺为：

$$\frac{1}{m_{ov}} = \frac{f}{H}\cos^2\alpha \qquad (3\text{-}7\text{-}17)$$

显然像主点的比例尺小于水平像片，且在主纵线方向变化最快。

（3）像底点的比例尺。

像底点在（c，C）系统中的坐标为$x=0$，$y = -f\tan\frac{\alpha}{2}\sec\alpha$，代入式（3-7-10）可得像底点的比例尺为：

$$\frac{1}{m_n} = \frac{\left(f - f\tan\frac{\alpha}{2}\sec\alpha\sin\alpha\right)^2}{H\sqrt{\left[\left(f + f\tan\frac{\alpha}{2}\sec\alpha\sin\alpha\right)\cos\varphi\right]^2 + f^2\sin^2\varphi}} \qquad (3\text{-}7\text{-}18)$$

当$\varphi=0°$时，可得过像底点水平线的比例尺为：

71

$$\frac{1}{m_{nh}} = \frac{f}{H} \sec \alpha \qquad\qquad (3-7-19)$$

当 $\varphi = 90°$ 时，可得像底点沿主纵线方向的比例尺为

$$\frac{1}{m_{nv}} = \frac{f}{H} \sec^2 \alpha \qquad\qquad (3-7-20)$$

由此得到，像底点的比例尺比水平像片的比例尺大，且沿主纵线方向产生的变化最快。

等比线可以把像片分成两部分，上方的比例尺比水平像片的小，并且距离等比线越远其比例尺越小；下方的比例尺比水平像片的大，并且距离等比线越远其比例尺越大。

选择比例尺时，主要根据成图精度、成图比例尺等条件。航摄比例尺与成图比例尺并没有严格的划分界限，其关系如表3-2所示。一般情况下，航摄比例尺的取值越大，飞行航高就越低，地面分辨率的值就越小，这有利于提高成图精度和对影像的解译。但过大的航摄比例尺又会增加工作量和成本，所以应该根据测图规范要求来选取适当的航摄比例尺。

表3-2　航摄比例尺与成图比例尺的关系

比例尺类型	航摄比例尺	成图比例尺
大比例尺	1：2 000 ~ 1：3 000	1：500
	1：4 000 ~ 1：6 000	1：1 000
	1：8 000 ~ 1：12 000	1：2 000
中比例尺	1：15 000 ~ 1：20 000	1：5 000
	1：10 000 ~ 1：25 000	1：1 000
小比例尺	1：20 000 ~ 1：30 000	1：25 000
	1：35 000 ~ 1：55 000	1：50 000

3.8　单张像片的空间后方交会

在摄影测量学中，要想确定航摄像片和被摄物体之间的几何关系，首先要知道每张像片的6个外方位元素。目前，获取像片外方位元素的方法多种多样，例如，惯性导航系统、雷达技术和全球定位技术等。此外，采用摄影测量空间后方交会技术，也能够确定像片的外方位元素。后方交会是利用至少三个不在一条直线上的地面控制点（这些控制点要分布合理）和它们在像片上对应的三个像点坐标，根据共线条件方程，来求解出其外方位元素X_S，Y_S，Z_S，φ，ω，κ，这就是其基本思想。

3.8.1　普通数字影像的外方位元素求解的特殊性

与传统的单像后交相比，普通数字影像的单张像片空间后方交会计算具有以下特殊之处：

（1）由于普通数字影像具有较大的构像畸变差，破坏了构像共线条件，直接根据控制点像片坐标和对应的地面坐标，利用传统空间后交迭代计算方法（如共线条件方程解法），计算像片外方位元素时，不但会导致像片外方位元素计算不准确，甚至还常常使得迭代不收敛。

（2）普通数字影像获取时，外方位初始值往往很难确定。特别是在一些工程应用中，在拍摄条件较差的施工现场获取影像时，影像的外方位元素的角元素往往较大，线元素也很难估算。用传统的后交计算方法时，如果赋予的外方位初始值与其真值偏差很大，同样会使迭代计算次数增加，还常常导致迭代不收敛或得到错误的收敛结果。

（3）工程摄影中，摄影比例尺大，像片数量多，如果每张像片后交计算时都要求赋外方位初始值，会极大地增加内业处理的工作效率。

针对以上原因，本节研究改进了适合于普通数字影像的单像后交计算方法，该方法具有以下优点：

（1）自动计算的像片外方位元素具有较准确的初始值。

（2）外方位计算收敛性强。

（3）外方位元素计算精度高。

（4）适合于专业相机和普通相机现场作业时使用。

3.8.2 单项空间后方交会基本算式

共线条件方程是整个摄影测量学中最重要的算式之一，在摄影测量空间后方交会技术中，也会用到共线条件方程，其基本表达式如下：

$$\left.\begin{aligned} x &= -f\frac{a_1(X-X_S)+b_1(Y-Y_S)+c_1(Z-Z_S)}{a_3(X-X_S)+b_3(Y-Y_S)+c_3(Z-Z_S)} \\ y &= -f\frac{a_2(X-X_S)+b_2(Y-Y_S)+c_2(Z-Z_S)}{a_3(X-X_S)+b_3(Y-Y_S)+c_3(Z-Z_S)} \end{aligned}\right\} \quad （3-8-1）$$

由于该算式是非线性的，所以，首先需要将其线性化。其线性化后的表达式如下：

$$\left.\begin{aligned} x &= (x)+\frac{\partial x}{\partial X_S}dX_S+\frac{\partial x}{\partial Y_S}dY_S+\frac{\partial x}{\partial Z_S}dZ_S+\frac{\partial x}{\partial \varphi}d\varphi+\frac{\partial x}{\partial \omega}d\omega+\frac{\partial x}{\partial \kappa}d\kappa \\ y &= (y)+\frac{\partial x}{\partial X_S}dX_S+\frac{\partial y}{\partial Y_S}dY_S+\frac{\partial y}{\partial Z_S}dZ_S+\frac{\partial y}{\partial \varphi}d\varphi+\frac{\partial y}{\partial \omega}d\omega+\frac{\partial y}{\partial \kappa}d\kappa \end{aligned}\right\} \quad （3-8-2）$$

在式（3-8-2）中，(x)、(y) 是函数的近似值，其值可以由外方位元素的初始值代入式（3-8-1）求得。外方位元素的近似值的改正数为 dX_S，dY_S，dZ_S，$d\varphi$，$d\omega$，$d\kappa$，其系数为 $\frac{\partial x}{\partial X_S},\cdots,\frac{\partial y}{\partial \kappa}$。对于每一个地面控制点而言，利用其像点坐标和地面点坐标，将它们代入式（3-8-1）就可以列出两个方程式。所以，想要求出6个外方位元素，需要知道至少3个地面控制点。采用迭代的方法，逐渐逼近。

3.8.3　单像空间后方交会解算过程

摄影测量空间后方交会的解算过程，大致可以分为三步。第一步：收集资料，主要是内方位元素数据、像片资料数据、控制点坐标数据和控制点像点坐标数据等；第二步：计算，主要包括旋转矩阵 R、像点坐标近似值（x）与（y）以及法方程系数矩阵 A^TA 与 A^TL 的计算等；第三步：检查，主要是检查所求得的外方位元素的改正值是否在限差范围内。但具体说来，其结算可分为如下步骤：

（1）已知数据的获取。分为两部分，一部分是影像资料数据，比如航摄像片的测图比例尺 $1/m$，测图的平均航高，像片的内方位元素数据 x_0，y_0，f；另一部分是控制点的测量坐标 X_t，Y_t，Z_t，进一步将它们转化为地面摄影测量坐标 X，Y，Z。

（2）像点坐标的量测。主要是控制点像点坐标 x、y 的量测。

（3）未知数初始值的确定。一般在竖直摄影的情况下，取角元素 φ_0，ω_0，κ_0 的值均为零；在线元素中，可取 $Z_{S0} = H = mf$，而 X_{S0}，Y_{S0} 的值可取控制点坐标在四个角的坐标的平均值。

（4）利用上一步确定的角元素的近似值，来计算旋转矩阵 R。

（5）按共线条件方程，利用未知数的近似值来计算像点坐标近似值。

（6）计算误差方程式的系数以及常数项。

（7）法方程的解算，将其常数项以及系数矩阵求解出来，即将 A^TL 和 A^TA 求解出来。

（8）求解外方位元素的改正数，并与其改正数的近似值累加求和，将新的近似值计算出来。

（9）检查收敛性。将计算得出的外方位元素近似值对比其相应的限差，看是否在限差范围内。如果在，则计算终止；否则，重复第（4）步至第（8）步，直至满足要求。

3.8.4　单像空间后方交会的精度

根据测量平差理论，$(A^T A)^{-1}$为法方程系数的逆矩阵，想要求此矩阵，可以先把未知数的协因数矩阵Q_x求出来，再计算未知数的中误差，算式为：

$$m_i = m_o \sqrt{Q_{ii}} \qquad\qquad (3-8-3)$$

式中，i为未知数；m_o为单位权中误差；Q_{ii}为协因数矩阵里主对角线上的元素。

计算m_o的算式为：

$$m_o = \pm \sqrt{\frac{[VV]}{2n-6}} \qquad\qquad (3-8-4)$$

式中，n为控制点的个数。

第4章　双像立体测图与
双像解析摄影测量

单张像片只能确定像点在物方空间的投射线方向，当地面有起伏时不能确定像点所对应地面点的三维坐标。如果我们在不同位置对同一地物拍摄两张像片，则该地物在两张像片上都会成像。利用不同摄站的两张像片（立体像对）确定物体空间三维坐标的方法和技术称为立体摄影测量或双像摄影测量。立体观测方法不仅能够增强辨认像点的能力，而且可以提高量测的精度。因此在摄影测量中，立体观察和立体量测得到了广泛应用。

4.1 立体视觉原理与人造立体视觉

4.1.1 人眼的结构

人眼相当于一个结构复杂的光学系统，人眼的结构如图4-1所示。人眼就像一架摄影机（如图4-2所示），水晶体好比摄影物镜，能自动改变焦距，使人眼观察不同远近物体时，在视网膜上都能得到清晰的物像。瞳孔如同光圈，视网膜就像底片，能够接收影像信息。视网膜上起感觉作用的是锥体色素细胞和柱状感光细胞，感光最敏锐的地方称为黄斑。黄斑在视网膜的中央，大小约为0.9mm×0.6mm，其中感光力最强的部分称为网膜窝。通过网膜窝中心和水晶体节点的直线称为眼睛的视轴。它与水晶体的光轴很相近，但并不一致。

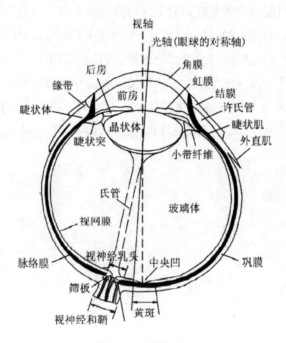

图4-1 人眼的结构

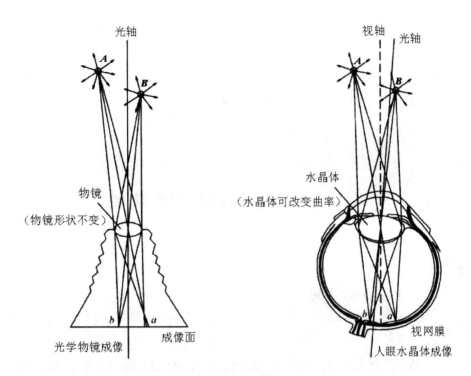

图4-2　人眼与摄影机

4.1.2　立体视觉

　　单眼观察物体时，我们所感觉到的仅是物体的透视像，如同观看一张像片一样。单眼观察不能够确定物体的远近，只能凭经验间接地判断。只有用双眼观察景物，才能判断景物的远近，得到景物的立体效应，这种现象称为人眼的立体视觉。摄影测量中，正是根据这一原理，对同一地区要在两个不同摄站点上拍摄两张具有一定重叠度的像片，构成一个立体像对，以便进行立体观察与量测。

　　当人的双眼注视于某物点时，两眼的视轴本能地交会于该点，此时，两视轴相交的角度叫作交会角。在两眼交会的同时，眼睛水晶体自动调节焦距，得到最清晰的影像。交会和调节焦距这两项动作是本能地同时进行的，人眼的这种本能称为凝视。两眼凝视于一点时的交会角大小与物体离眼睛的距离远近有关，一定的交会角就代表一定的距离，人眼可本能地反映出交会角的差异，因而可以直接判断物体的远近。

4.2 立体观察与立体量测

4.2.1 立体观察

当地面高低不平时，用双眼观察地面上的物体会成像。立体像对正是由于左右眼视差不同而在不同位置获取的两张影像。像对立体观察除了可以用裸眼直接观察外，还可以借助设备进行观察。

（1）袖珍立体镜。

袖珍立体镜又叫桥式立体镜，如图4-3所示，由两片透镜和支架组成。立体镜在实现分像的同时，还使射入眼睛的光线接近平行，解决了人眼直接观察立体像对时存在的交会和调节作用的矛盾。这种立体镜体积小、重量轻，使用方便，便于携带，在外业工作中应用较为广泛。但是，这种立体镜的放大倍率小（一般为1.5倍），观察基线短，且不便于观察大像幅像片。

（2）反光立体镜。

如图4-4所示，反光立体镜由平面反射镜、放大镜和目镜组成。整个光学系统装在金属架上，放大倍率一般为1.5～4倍。观察基线一般比眼基线大4倍，可用于较大像幅的立体观察。

（3）互补色立体镜。

这种设备的原理是左、右影像分别用红、青两种互补色显示在像片或计算机屏幕上，然后用互补色眼镜进行观察，使左眼只能看到左影像，右眼只能看到右影像。图4-5中，两个投影器的投影光线交点 A 为几何模型点，而两眼视线观察交点 A' 为视模型点，它随人眼观察位置的不同而改变。承影面上有一升降的测绘台，当测绘台升到 E_0 面上时，此时观察到的 A 点即为几何模型上的位置，从而达到视模型点与几何模型点两者的统一。

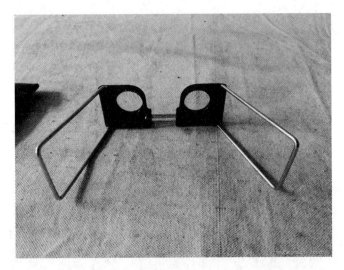

图4-3　袖珍立体镜

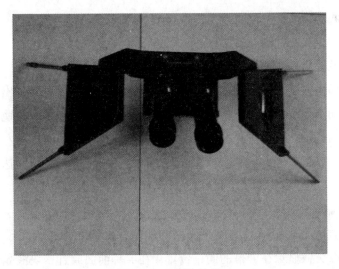

图4-4　反光立体镜

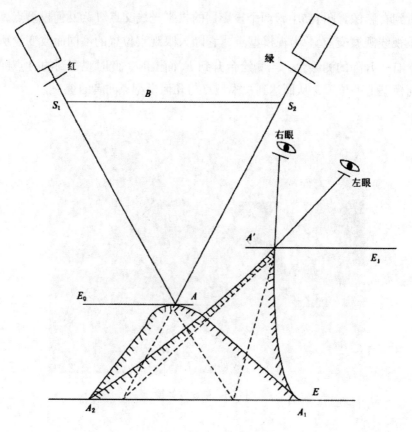

图4-5　互补色法

（4）液晶立体观察设备。

用液晶立体观察设备观察立体像对时，计算机显示屏上交替出现左、右影像，在同步信号的控制下，使用左眼观察时，只开启左眼液晶镜片，右眼关闭；使用右眼观察时，只开启右眼液晶镜片，左眼关闭。这样左眼只能看到左影像，右眼只能看到右影像，左右影像不会相互影响，从而达到分像的目的。

（5）偏振光立体观察设备。

这种方法是利用液晶的旋光作用和偏振片的选光作用来实现的。首先左、右影像交替显示在屏幕的同一位置，在屏幕前面放置一块液晶偏振调制板，在同步控制信号的作用下，将左、右影像的光线分别调制为相互正交的偏振光。当观察者戴上特制的偏振镜时，左眼只能看到左影像，右眼只能看到右影像，从而达到分光和立体观察的目的。

4.2.2　立体量测

立体观察一方面使作业员有身临其境的感觉，便于对地物属性的认知；另一方面能在三维环境下准确测量同名像点的坐标、左右视差、上下视差及左右视差较，为在像片上提取物体的几何信息奠定基础。在立体观察条件下，测量像点像片坐标的过程称为像对的立体量测。它是立体摄影测量的一个必不可少的过程和一项重要技术。

为了完成像对的立体量测，一般在立体视场内设置两个完全一样的点标志，双眼观察时这两个点标志将会凝合在一起，形成一个空间点标志，好像是一个物点一样。这个空间点标志在驱动设备的作用下，在立体视场内做 X, Y, Z 三维运动。当其和立体模型表面的某点相切时，左、右点标志正好照准左、右像片的同名像点，此时它们各自的位置就代表了像点的坐标。在这种情况下，如果改变左、右点标志的距离（改变其左右视差），空间点标志将会浮在模型上方或沉入模型之中，此时左、右点标志没有照准同名像点。这说明当改变左、右点标志的距离时，空间点标志将会上升或下降，即左、右点标志的距离代表了某个高程。这样的点标志能在立体观察下测量像点坐标和高程，因此在摄影测量中被称为测标。常用的测标有"T"字形、十字丝和光点，目前的数字摄影测量工作站中大多都采用光点测标。图4-6从中心投影理论方面说明了利用测标进行立体量测的原理。

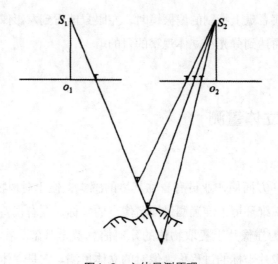

图4-6 立体量测原理

4.3 双像解析摄影测量

双像解析摄影测量的目的是研究立体像对内两张像片之间以及立体像对与被摄物体之间的数学关系，并以数学计算的方式确定地面点的三维坐标。

4.3.1 立体像对特殊的点、线、面

在航空摄影时，同一条航线相邻摄站拍摄的两张像片具有60%左右的重叠度，这两张像片称为立体像对，它是立体摄影测量的基本单元，只有重叠范围内的影像才能用于测定地面点的三维坐标。

与单张航摄像片类似，立体像对也有特殊的点、线、面。如图4-7所示，S_1，S_2为同一航线的两个相邻摄影中心，P_1，P_2即为立体像对。两摄站S_1，S_2的连线B称为摄影基线。在摄影瞬间某物点的两条同名光线和摄影基线位于同一平面内，这一平面称为核面。核面有无数个，其中过像主点的核面称为主核面，过像底点的核面称为垂核面。一个立体像对有左、右两个主核面，而垂核面只有一个。核面与像平面的交线称为核线，同一核面与左、右两张像片相交的两条核线（图4-7中l_1，l_2）称为同名核线。同名像点必然在同名核线上。摄影基线的延长线与像片面的交点称为核点，核点有两个。一般情况下，核线是相互不平行的，像面上所有的核线都汇聚于核点，只有当像片平行于摄影基线时，像片与摄影基线才相交在无穷远处，即所有核线相互平行。核线及同名核线的概念在传统的模拟和解析摄影测量中并无实际意义，但在数字摄影测量中却十分重要。

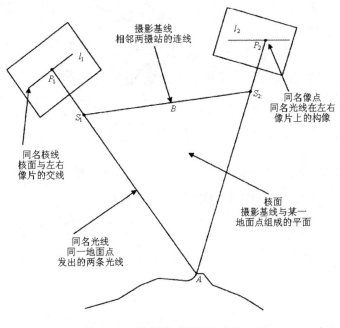

图4-7　立体像对特殊的点、线、面

4.3.2　双像解析摄影测量的基本思想

在测量学中常用前方交会方法，它是根据两个已知测站的平面坐标和两条已知方向线的水平角，求解待定点的平面坐标，如图4-8（a）所示。双像解析摄影测量可以理解为测量学前方交会的推广。它是根据两个摄影中心的三维空间坐标和两条待定物点的构像光线，确定该物点的三维坐标，即空间前方交会，如图4-8（b）所示。这里，构像光线的方向由像片的角方位元素和像点坐标确定。

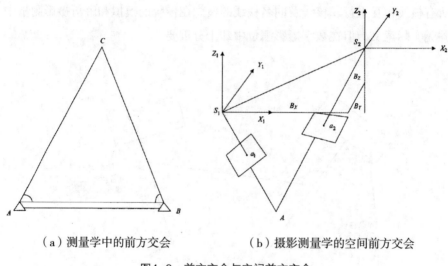

（a）测量学中的前方交会　　　　　（b）摄影测量学的空间前方交会

图4-8　前方交会与空间前方交会

4.4 立体像对的解析相对定向

4.4.1 解析法相对定向原理

当恢复立体像对左、右像片的内、外方位元素后，立体像对的所有同名光线成对相交，从而形成一个与实地完全一致的立体模型，如图4-9所示。此时，若使一张像片（或两张像片同时）沿基线平行移动任一距离，由于同名光线仍在同一核面内的条件没变，所以同名光线依然相交，仍能得到和实地平行且完全相似的立体模型，只是模型的大小（比例尺）有所改变。更进一步，将该状态下的两张像片作为一个刚性整体进行任意的平移和旋转，则同名光线仍然成对相交，得到的立体模型仍与地面相似，只是位置和方向发生了变化，如图4-10所示。可见，欲使立体像对的所有同名光线相交，形成与实地相似的立体模型，不一定要恢复左、右像片摄影瞬间的绝对方位，关键条件是保持两张像片摄影瞬间的相对方位不变。

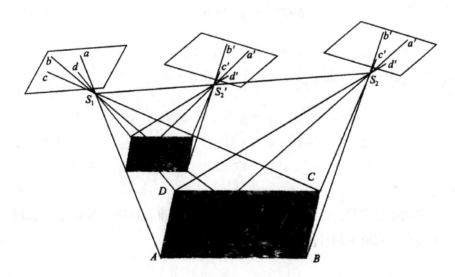

图4-9 恢复左右像片外方位时构建的立体模型

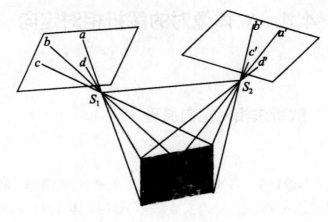

图4-10　几何模型

4.4.1.1　相对定向的共面条件

在图4-11中，S_1a_1 和 S_2a_2 为一对同名光线，这对同名光线与摄影基线B位于同一核面内，即S_1a_1，S_2a_2 和B三条直线共面。由空间解析几何知识可知，如果三条直线共面，则它们对应矢量的混合积为0，即：

$$B \bullet (S_1a_1 \times S_2a_2) = 0 \qquad (4-4-1)$$

三个矢量在像空间辅助坐标系中的坐标分别为(B_X, B_Y, B_Z)，(X_1, Y_1, Z_1)和(X_2, Y, Z_2)，则共面条件方程可以用坐标表示为：

$$F = \begin{vmatrix} B_X & B_Y & B_Z \\ X_1 & Y_1 & Z_1 \\ X_2 & Y_2 & Z_2 \end{vmatrix} \qquad (4-4-2)$$

共面条件方程是否成立是完成相对定向的标准。解析相对定向就是根据共面条件方程解求相对定向元素。

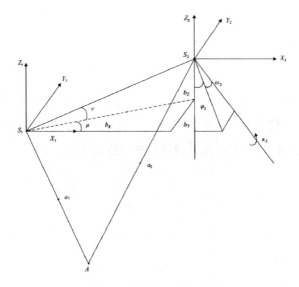

图4-11 连续像对法相对定向

4.4.1.2 连续像对的相对定向

连续像对的相对定向是以左片为基准，求出右片相对于左片的5个定向元素 $B_Y, B_Z, \varphi_2, \omega_2, \kappa_2$。在相对定向解析计算时，通常把摄影基线B改写为b，b称为投影基线。这里

$$B = m \cdot b \qquad (4-4-3)$$

式中：m为摄影比例尺分母；b_X, b_Y 和 b_Z 分别为投影基线对应的分量。为了统一单位，把 b_Y，b_Z 两个基线元素改为角度形式表示，如图4-11所示。

由图4-11可知，

$$\begin{cases} b_Y = b_X \cdot \tan \mu \approx b_X \cdot \mu \\ b_Z = \dfrac{b_X}{\cos \mu} \cdot \tan \nu \approx b_X \cdot \nu \end{cases} \qquad (4-4-4)$$

式中，μ 和 ν 为基线的偏角和倾角。将式（4-4-4）代入共面条件方程式（摄影基线改为投影基线）得

$$F = \begin{vmatrix} b_X & b_X\mu & b_X\nu \\ X_1 & Y_1 & Z_1 \\ X_2 & Y_2 & Z_2 \end{vmatrix} = b_X \begin{vmatrix} 1 & \mu & \nu \\ X_1 & Y_1 & Z_1 \\ X_2 & Y_2 & Z_2 \end{vmatrix} = 0 \qquad （4-4-5）$$

式（4-4-5）中含有5个相对定向元素，其中 $\varphi_2, \omega_2, \kappa_2$ 隐含在 (X_2, Y_2, Z_2) 中，该式是一个非线性函数。为了平差计算，将式（4-4-5）按多元函数泰勒级数展开，取最小值一次项，得共面方程的线性公式为：

$$F = F_0 + \frac{\partial F}{\partial \mu}\mathrm{d}\mu + \frac{\partial F}{\partial \nu}\mathrm{d}\nu + \frac{\partial F}{\partial \varphi}\mathrm{d}\varphi + \frac{\partial F}{\partial \omega}\mathrm{d}\omega + \frac{\partial F}{\partial \kappa}\mathrm{d}\kappa = 0 \qquad （4-4-6）$$

式中，F_0 为函数 F 的近似值，同时为了书写方便，去除了角元素的下标。式中的偏导数计算为

$$\frac{\partial F}{\partial \mu} = b_X \begin{vmatrix} 0 & 1 & 0 \\ X_1 & Y_1 & Z_1 \\ X_2 & Y_2 & Z_2 \end{vmatrix} = b_X(Z_1 X_2 - Z_2 X_1)$$

$$\frac{\partial F}{\partial \nu} = b_X \begin{vmatrix} 0 & 0 & 1 \\ X_1 & Y_1 & Z_1 \\ X_2 & Y_2 & Z_2 \end{vmatrix} = b_X(X_1 Y_2 - X_2 Y_1)$$

$$\frac{\partial F}{\partial \varphi} = b_X \begin{vmatrix} 1 & \mu & \nu \\ X_1 & Y_1 & Z_1 \\ \dfrac{\partial X_2}{\partial \varphi} & \dfrac{\partial Y_2}{\partial \varphi} & \dfrac{\partial Z_2}{\partial \varphi} \end{vmatrix} = \frac{\partial X_2}{\partial \varphi} \bullet b_X \begin{vmatrix} \mu & \nu \\ Y_1 & Z_1 \end{vmatrix} - \frac{\partial Y_2}{\partial \varphi} \bullet b_X \begin{vmatrix} 1 & \nu \\ X_1 & Z_1 \end{vmatrix} + \frac{\partial Z_2}{\partial \varphi} \bullet b_X \begin{vmatrix} 1 & \mu \\ X_1 & Y_1 \end{vmatrix}$$

由于

$$\begin{bmatrix} X_2 \\ Y_2 \\ Z_2 \end{bmatrix} = R_2 \begin{bmatrix} x_2 \\ y_2 \\ -f \end{bmatrix}$$

$$= \begin{bmatrix} \cos\varphi\cos\kappa - \sin\varphi\sin\omega\sin\kappa & -\cos\varphi\sin\kappa - \sin\varphi\sin\omega\cos\kappa & -\sin\varphi\cos\omega \\ \cos\omega\sin\kappa & \cos\omega\cos\kappa & -\sin\omega \\ \sin\varphi\cos\kappa + \cos\varphi\sin\omega\sin\kappa & -\sin\varphi\sin\kappa + \cos\varphi\sin\omega\cos\kappa & \cos\varphi\cos\omega \end{bmatrix} \begin{bmatrix} x_2 \\ y_2 \\ -f \end{bmatrix}$$

将上式对 φ 求偏导，则有

$$\frac{\partial\begin{bmatrix} X_2 \\ Y_2 \\ Z_2 \end{bmatrix}}{\partial\varphi} = \begin{bmatrix} -\sin\varphi\cos\kappa - \cos\varphi\sin\omega\sin\kappa & \sin\varphi\sin\kappa - \cos\varphi\sin\omega\cos\kappa & -\cos\varphi\cos\omega \\ 0 & 0 & 0 \\ \cos\varphi\cos\kappa - \sin\varphi\sin\omega\sin\kappa & -\cos\varphi\sin\kappa - \sin\varphi\sin\omega\cos\kappa & -\sin\varphi\cos\omega \end{bmatrix}$$

$$\begin{bmatrix} x_2 \\ y_2 \\ -f \end{bmatrix} = \begin{bmatrix} -c_1 & -c_2 & -c_3 \\ 0 & 0 & 0 \\ a_1 & a_2 & a_3 \end{bmatrix}\begin{bmatrix} x_2 \\ y_2 \\ -f \end{bmatrix}$$

展开得

$$\frac{\partial X_2}{\partial\varphi} = -c_1 x_2 - c_2 y_2 + c_3 f = -Z_2$$

$$\frac{\partial Y_2}{\partial\varphi} = 0$$

$$\frac{\partial Z_2}{\partial\varphi} = a_1 x_2 + a_2 y_2 - a_3 f = X_2$$

因而可得函数对 φ 的偏导数：

$$\frac{\partial F}{\partial\varphi} = \left(-Z_2\right)\bullet b_X\left(\mu Z_1 - \nu Y_1\right) + X_2\bullet b_X\left(Y_1 - \mu X_1\right)$$

$$= b_X Y_1 X_2 - b_X X_1 X_2 \mu - b_X Z_1 Z_2 \mu + b_X Z_2 Y_1 \nu$$

同理可得

$$\frac{\partial X_2}{\partial\omega} = -Y_2\sin\varphi$$

$$\frac{\partial Y_2}{\partial\omega} = X_2\sin\varphi - Z_2\cos\varphi$$

$$\frac{\partial Z_2}{\partial \omega} = Y_2 \cos \varphi$$

以及

$$\frac{\partial F}{\partial \omega} = \frac{\partial X_2}{\partial \omega} \bullet b_X \begin{bmatrix} \mu & \nu \\ Y_1 & Z_1 \end{bmatrix} - \frac{\partial Y_2}{\partial \omega} \bullet b_X \begin{bmatrix} 1 & \nu \\ X_1 & Z_1 \end{bmatrix} + \frac{\partial Z_2}{\partial \omega} \bullet b_X \begin{bmatrix} 1 & \mu \\ X_1 & Y_1 \end{bmatrix}$$
$$\approx Y_1 Y_2 b_X - X_1 Y_2 b_X \mu + Z_1 Z_2 b_X - X_1 Z_2 b_X \nu$$

类似可得：

$$\frac{\partial F}{\partial \kappa} = \frac{\partial X_2}{\partial \kappa} \bullet b_X \begin{bmatrix} \mu & \nu \\ Y_1 & Z_1 \end{bmatrix} - \frac{\partial Y_2}{\partial \kappa} \bullet b_X \begin{bmatrix} 1 & \nu \\ X_1 & Z_1 \end{bmatrix} + \frac{\partial Z_2}{\partial \kappa} \bullet b_X \begin{bmatrix} 1 & \mu \\ X_1 & Y_1 \end{bmatrix}$$
$$\approx X_2 Z_1 b_X - Z_1 Y_2 b_X \mu + X_1 X_2 b_X \nu + Y_1 Y_2 b_X \nu$$

将各偏导数代入式（4-4-6），舍去含有 μ 和 ν 的二次项，只保留一次项，同时等式两边同除以 b_X 得：

$$\left(Z_1 X_2 - X_1 Z_2 \right) \mathrm{d}\mu + \left(X_1 Y_2 - X_2 Y_1 \right) \mathrm{d}\nu + Y_1 X_2 \mathrm{d}\varphi + \left(Y_1 Y_2 + Z_1 Z_2 \right) \mathrm{d}\omega - X_2 Z_1 \mathrm{d}\kappa + \frac{F_0}{b_X} = 0$$
$$（4-4-7）$$

顾及点投影系数得：

$$Z_1 X_2 - Z_2 X_1 = -\frac{b_X Z_1 - b_X X_1}{N_2} = \frac{-b_X}{N_2} \left(Z_1 - \frac{b_Z}{b_X} X_1 \right) \approx -\frac{b_X}{N_2} Z_1$$

$$X_1 Y_2 - X_2 Y_1 = \frac{b_X Y_1 - b_Y X_1}{N_2} = \frac{b_X}{N_2} \left(Y_1 - \frac{b_Y}{b_X} X_1 \right) \approx \frac{b_X}{N_2} Y_1$$

代入式（4-4-7），等式两边同乘以 $-\dfrac{N_2}{Z_2}$，并近似地取 $Y_1 = Y_2, Z_1 = Z_2$，则式（4-4-6）可简化为

$$b_X \mathrm{d}\mu - \frac{Y_2}{Z_2} b_X \mathrm{d}\nu - \frac{X_2 Y_2}{Z_2} N_2 \mathrm{d}\varphi - \left(Z_2 + \frac{Y_2^2}{Z_2} \right) N_2 \mathrm{d}\omega + X_2 N_2 \mathrm{d}\kappa - \frac{F_0 N_2}{b_X Z_2} = 0$$

令

$$Q = \frac{F_0 N_2}{b_X Z_2}$$

最后得：

$$Q = b_X \mathrm{d}\mu - \frac{Y_2}{Z_2} b_X \mathrm{d}\nu - \frac{X_2 Y_2}{Z_2} N_2 \mathrm{d}\varphi - \left(Z_2 + \frac{Y_2^2}{Z_2} \right) N_2 \mathrm{d}\omega + X_2 N_2 \mathrm{d}\kappa \qquad （4\text{-}4\text{-}8）$$

式（4-4-8）即为连续法相对定向的解析计算公式。其中：

$$
\begin{aligned}
Q = \frac{F_0 N_2}{b_X Z_2} = \frac{F_0}{X_1 Z_2 - X_2 Z_1} &= \frac{\begin{vmatrix} b_X & b_Y & b_Z \\ X_1 & Y_1 & Z_1 \\ X_2 & Y_2 & Z_2 \end{vmatrix}}{\begin{vmatrix} X_1 & Z_1 \\ X_2 & Z_2 \end{vmatrix}} \\
&= \frac{-b_Y \begin{vmatrix} X_1 & Z_1 \\ X_2 & Z_2 \end{vmatrix}}{\begin{vmatrix} X_1 & Z_1 \\ X_2 & Z_2 \end{vmatrix}} + \frac{Y_1 \begin{vmatrix} b_X & b_Z \\ X_2 & Z_2 \end{vmatrix}}{\begin{vmatrix} X_1 & Z_1 \\ X_2 & Z_2 \end{vmatrix}} - \frac{Y_2 \begin{vmatrix} b_X & b_Z \\ X_1 & Z_1 \end{vmatrix}}{\begin{vmatrix} X_1 & Z_1 \\ X_2 & Z_2 \end{vmatrix}} \\
&= N_1 Y_1 - N_2 Y_2 - b_Y
\end{aligned}
\qquad （4\text{-}4\text{-}9）
$$

式中，$N_1 Y_1$ 为左片投影点在以左摄站为原点的像空间辅助坐标系中的坐标；$N_2 Y$ 为右片投影点在以右摄站为原点的像空间辅助坐标系中的坐标；b_Y 为两摄站的 Y 轴坐标之差。所以 Q 的几何意义是模型上同名点的 Y 轴坐标之差，称为上下视差，如图4-12所示。

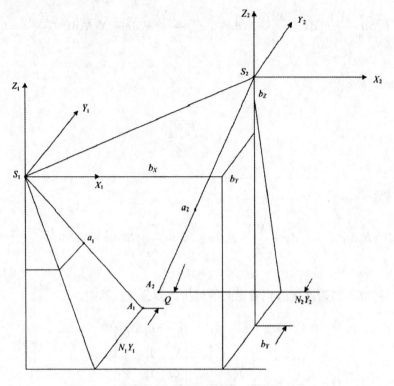

图4-12　上下视差的几何意义

4.4.1.3　单独像对的相对定向

单独像对相对定向时，基线 b 作为像空间辅助坐标的 X 轴，$b_X = b, b_Y = b_Z = 0$，相对定向元素为 $\varphi_1, \kappa_1, \varphi_2, \omega_2, \kappa_2$。此时共面条件方程可写为

$$F = \begin{vmatrix} b & 0 & 0 \\ X_1 & Y_1 & Z_1 \\ X_2 & Y_2 & Z_2 \end{vmatrix} = b \begin{vmatrix} Y_1 & Z_1 \\ Y_2 & Z_2 \end{vmatrix} = 0 \qquad （4-4-10）$$

将上式按泰勒级数展开，用类似于连续法相对定向偏导数的解算方法得到线性化公式，即

$$F = F_0 + b\left[-X_1Y_2\mathrm{d}\varphi_1 + X_1Z_2\mathrm{d}\kappa_1 + X_2Y_1\mathrm{d}\varphi_2 + \left(Z_1Z_2 + Y_1Y_2\right)\mathrm{d}\omega_2 - X_2Z_1\mathrm{d}\kappa_2\right] = 0$$
$$(4\text{-}4\text{-}11)$$

等式两边同乘以 $\dfrac{f}{bZ_1Z_2}$，并近似地取 $Z_1 = Z_2 = -f$，则得：

$$Q = \frac{X_1Y_2}{Z_1}\mathrm{d}\varphi_1 - X_1\mathrm{d}\kappa_1 - \frac{X_2Y_1}{Z_2}\mathrm{d}\varphi_2 - \left(Z_2 + \frac{Y_1Y_2}{Z_2}\mathrm{d}\omega_2 + X_2\mathrm{d}\kappa_2\right)$$
$$(4\text{-}4\text{-}12)$$

式（4-4-12）即为单独法相对定向的解析计算公式。其中：

$$Q = -\frac{fF_0}{Z_1Z_2} = -\frac{f}{Z_1Z_2}\left(Y_1Z_2 - Y_2Z_1\right) = -\frac{f}{Z_1}Y_1 - \frac{-f}{Z_2}Y_2 = y_{t1} - y_{t2}$$
$$(4\text{-}4\text{-}13)$$

y_{t1}, y_{t2} 相当于在像空间辅助坐标系中，一对理想水平像片上同名点的像点坐标。显然，当相对定向完成后，$Q = 0$。

4.4.2 相对定向元素的解算

以连续像对的相对定向为例，在相对定向公式（4-4-8）中，有5个未知数：$\mathrm{d}\mu, \mathrm{d}\nu, \mathrm{d}\varphi, \mathrm{d}\omega, \mathrm{d}\kappa$，因此，至少需要量测5对同名像点，列出5个方程式，解求相对定向元素。在摄影测量中，解析相对定向通常采用6个标准点位方式求解，相对定向标准点位的位置如图4-13所示。

图4-13中，1点位于左像片的像主点 O_1（左像片的像平面直角坐标系原点）附近，2点位于右像片的像主点 O_2 附近，距边界的距离应大于1.5cm，3、5两点在左像片坐标系的 y 轴附近，4、6两点在右像片坐标系的 y 轴附近。1、3、5三点和2、4、6三点尽量位于与 O_1O_2 连线垂直的直线上。

由于存在多余观测，根据最小二乘平差原理，将上下视差 Q 作为观测值，可以写出误差方程式，即

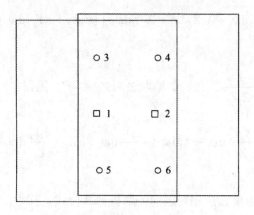

图4-13　相对定向标准点位位置

$$v_Q = b_X \mathrm{d}\mu - \frac{Y_2}{Z_2} b_X \mathrm{d}\upsilon - \frac{X_2 Y_2}{Z_2} N_2 \mathrm{d}\varphi - \left(Z_2 + \frac{Y_2^2}{Z_2} \right) N_2 \mathrm{d}\omega + X_2 N_2 \mathrm{d}\kappa - Q$$

$$（4-4-14）$$

用一般符号表示误差方程式为：

$$\boldsymbol{v} = a\mathrm{d}\mu + b\mathrm{d}\upsilon + c\mathrm{d}\varphi + d\mathrm{d}\omega + e\mathrm{d}\kappa - l \qquad （4-4-15）$$

其中，$a = b_x, b = -\dfrac{Y_2}{Z_2} b_x, c = -\dfrac{X_2 Y_2}{Z_2} N_2, d = -\left(Z_2 + \dfrac{Y_2^2}{Z_2} \right) N_2, e = X_2 N_2$。

用矩阵表示误差方程式为：

$$\boldsymbol{v} = \begin{bmatrix} a & b & c & d & e \end{bmatrix} \begin{bmatrix} \mathrm{d}\mu \\ \mathrm{d}\nu \\ \mathrm{d}\varphi \\ \mathrm{d}\omega \\ \mathrm{d}\kappa \end{bmatrix} - l$$

若在一个像对中量测 n 对像点，则可以列出 n 个误差方程式：

$$
\begin{bmatrix} v_1 \\ v_2 \\ \vdots \\ v_n \end{bmatrix} = \begin{bmatrix} a_1 & b_1 & c_1 & d_1 & e_1 \\ a_2 & b_2 & c_2 & d_2 & e_2 \\ \vdots & \vdots & \vdots & \vdots & \vdots \\ a_n & b_n & c_n & d_n & e_n \end{bmatrix} \begin{bmatrix} \mathrm{d}\mu \\ \mathrm{d}\nu \\ \mathrm{d}\varphi \\ \mathrm{d}\omega \\ \mathrm{d}\kappa \end{bmatrix} - \begin{bmatrix} l_1 \\ l_2 \\ \vdots \\ l_n \end{bmatrix}
$$

写成一般形式为

$$
V = AX - L \tag{4-4-16}
$$

式中：

$$
V = \begin{bmatrix} v_1 & v_2 & \cdots & v_n \end{bmatrix}^{\mathrm{T}}
$$

$$
A = \begin{bmatrix} a_1 & b_1 & c_1 & d_1 & e_1 \\ \vdots & \vdots & \vdots & \vdots & \vdots \\ a_n & b_n & c_n & d_n & e_n \end{bmatrix}
$$

$$
X = \begin{bmatrix} \mathrm{d}\mu & \mathrm{d}\nu & \mathrm{d}\varphi & \mathrm{d}\omega & \mathrm{d}\kappa \end{bmatrix}^{\mathrm{T}}
$$

$$
L = \begin{bmatrix} l_1 & l_2 & \cdots & l_n \end{bmatrix}^{\mathrm{T}}
$$

相应的法方程式为

$$
A^{\mathrm{T}} P A X - A^{\mathrm{T}} P L = 0
$$

一般情况下，像点坐标为等权观测，矩阵 P 是单位矩阵，法方程可简化为：

$$
A^{\mathrm{T}} A X - A^{\mathrm{T}} L = 0
$$

法方程的解为：

$$
X = \left(A^{\mathrm{T}} A \right)^{-1} A^{\mathrm{T}} L
$$

解 X 即为相对定向元素近似值的改正数。由于误差方程式是根据泰勒级数展开的一次项近似公式，因此定向元素要用迭代方法求解，具体计算过程如图4-14所示。

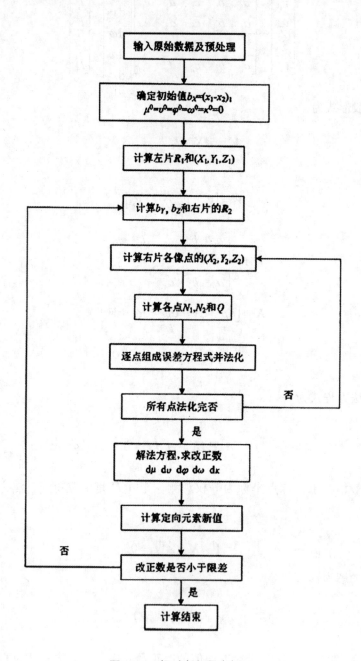

图4-14 相对定向程序框图

4.5　立体像对的空间前方交会

利用立体像对中两张像片的内、外方位元素和像点坐标计算对应地面点的三维坐标的方法，称为立体像对的空间前方交会。如图4-15所示，航摄机在两个相邻摄站 S_1，S_2 分别拍摄一张像片，构成立体像对。地面上任意一点 A 在左、右像片上的构像分别为 a_1 和 a_2。为了确定像点与地面点的数学关系，建立地面摄影测量坐标系 $D-X_{tP}Y_{tP}Z_{tP}$，Z_{tP} 轴与航向基本一致。过左摄站 S_1 建立与地面摄影测量坐标系平行的像空间辅助坐标系 $S_1-X_1Y_1Z_1$，再过右摄站 S_2 也建立与 $D-X_{tP}Y_{tP}Z_{tP}$ 平行的像空间辅助坐标系 $S_2-X_2Y_2Z_2$。

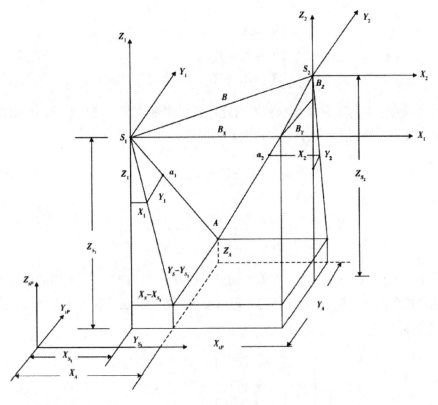

图4-15　空间前方交会

设地面点 A 在地面摄影测量坐标系 $D-X_{tP}Y_{tP}Z_{tP}$ 中的坐标为 (X_A,Y_A,Z_A)，对应像点 a_1，a_2 在各自的像空间坐标系中的坐标为 $(x_1,y_1,-f)$ 和 $(x_2,y_2,-f)$，在像空间辅助坐标系中的坐标分别为 (X_1,Y_1,Z_1) 和 (X_2,Y_2,Z_2)。若已知两张像片的外方位元素，就可以由像点的像空间坐标计算出该点的像空间辅助坐标，即

$$\begin{bmatrix} X_1 \\ Y_1 \\ Z_1 \end{bmatrix} = \boldsymbol{R}_1 \begin{bmatrix} x_1 \\ y_1 \\ -f \end{bmatrix}, \begin{bmatrix} X_2 \\ Y_2 \\ Z_2 \end{bmatrix} = \boldsymbol{R}_2 \begin{bmatrix} x_2 \\ y_2 \\ -f \end{bmatrix} \quad (4-5-1)$$

式中，$\boldsymbol{R}_1$，$\boldsymbol{R}_2$ 分别为由已知的外方位角元素算得的左、右像片的旋转矩阵。右摄站 S_2 在 $S_1-X_1Y_1Z_1$ 中的坐标，即摄影基线 B 的三个分量 B_X，B_Y，B_Z 可由外方位直线元素算得：

$$\begin{cases} B_X = X_{S_2} - X_{S_1} \\ B_Y = Y_{S_2} - Y_{S_1} \\ B_Z = Z_{S_2} - Z_{S_1} \end{cases} \quad (4-5-2)$$

因左、右像空间辅助坐标系与地面摄影测量坐标系相互平行，且摄站点、像点、地面点三点共线，由图4-15可得：

$$\begin{cases} \dfrac{S_1A}{S_1a_1} = \dfrac{X_A - X_{S_1}}{X_1} = \dfrac{Y_A - Y_{S_1}}{Y_1} = \dfrac{Z_A - Z_{S_1}}{Z_1} = N_1 \\ \dfrac{S_2A}{S_2a_2} = \dfrac{X_A - X_{S_2}}{X_2} = \dfrac{Y_A - Y_{S_2}}{Y_2} = \dfrac{Z_A - Z_{S_2}}{Z_2} = N_2 \end{cases} \quad (4-5-3)$$

式中，N_1，N_2 分别为左、右像点的投影系数。一般情况下，不同的点有不同的投影系数。根据式（4-5-3）可以得到前方交会法计算地面点坐标的公式，即

$$\begin{bmatrix} X_A \\ Y_A \\ Z_A \end{bmatrix} = \begin{bmatrix} X_{S_1} \\ Y_{S_1} \\ Z_{S_1} \end{bmatrix} + \begin{bmatrix} N_1X_1 \\ N_1Y_1 \\ N_1Z_1 \end{bmatrix} = \begin{bmatrix} X_{S_2} \\ Y_{S_2} \\ Z_{S_2} \end{bmatrix} + \begin{bmatrix} N_1X_2 \\ N_1Y_2 \\ N_1Z_2 \end{bmatrix} \quad (4-5-4)$$

式（4-5-4）中N_1，N_2仍然未知，为此，结合式（4-5-2）有：

$$\begin{cases} B_X = N_1 X_1 - N_2 X_2 \\ B_Y = N_1 Y_1 - N_2 Y_2 \\ B_Z = N_1 Z_1 - N_2 Z_2 \end{cases} \qquad （4-5-5）$$

由式（4-5-5）中的一、三两式联立求解得：

$$\begin{cases} N_1 = \dfrac{B_X Z_2 - B_Z X_2}{X_1 Z_2 - X_2 Z_1} \\ N_2 = \dfrac{B_X Z_1 - B_Z X_1}{X_1 Z_2 - X_2 Z_1} \end{cases} \qquad （4-5-6）$$

式（4-5-4）和式（4-5-6）就是利用立体像对，在已知像片外方位元素的前提下，由像点坐标计算对应地面点空间坐标的前方交会公式。

综上所述，空间前方交会的步骤为：

（1）由已知的外方位角元素与像点的像空间坐标，计算像点的像空间辅助坐标。

（2）由外方位直线元素，计算摄影基线分量B_X，B_Y，B_Z。

（3）由摄影基线分量，计算投影系数N_1，N_2。

（4）由下式计算地面点坐标：

$$\begin{cases} X_A = X_{S_1} + N_1 X_1 = X_{S_2} + N_2 X_2 \\ Y_A = Y_{S_1} + N_1 Y_1 = Y_{S_2} + N_2 Y_2 \\ Z_A = Z_{S_1} + N_1 Z_1 = Z_{S_2} + N_2 Z_2 \end{cases}$$

4.6　解析法绝对定向

如何确定像点对应的地面点的空间坐标是摄影测量的主要任务。一个立体像对经过相对定向所建立的立体模型是以像空间辅助坐标系为基准的，其比例尺仍是任意的。要确定立体模型在实际空间坐标系中的正确位置，需要把模型点的摄影测量坐标转化为物空间坐标。这需要借助物空间坐标中已知的控制点来确定空间辅助坐标系与实际物空间坐标系之间的变换关系，称为立体模型的绝对定向。

4.6.1　空间坐标的相似变换公式

空间辅助坐标系与物空间坐标系通常是不一致的，为了使这两个系统的坐标原点和比例尺一致，需要确定两坐标系之间的3个角元素：Φ, Ω, K，经过3个角度的旋转，3个平移量和1个比例尺缩放，才能将模型点的像空间辅助坐标变换为物空间坐标。

绝对定向时，为了方便计算，要求变换前后两坐标系的对应轴系的方向应大致相同。由于地面测量坐标系是左手坐标系，而空间辅助坐标系(或摄测坐标系)是右手坐标系，两个坐标系X轴之间的夹角较大，不利于直接换算，因此，往往先将地面控制点的地面测量坐标变换为地面摄测坐标(右手坐标系)，并根据控制点的地面摄测坐标进行绝对定向，最后再将模型点的地面实测变换为地面测量坐标，从而完成立体模型的绝对定向。

假设任一模型点的像空间辅助坐标为 X_p, Y_p, Z_p，该点的地面摄测坐标为 X_{tp}, Y_{tp}, Z_{tp}，它们之间的空间相似变换可用下式表示，即：

$$
\begin{bmatrix} X_{tp} \\ Y_{tp} \\ Z_{tp} \end{bmatrix} = \lambda \begin{bmatrix} a_1 & a_2 & a_3 \\ b_1 & b_2 & b_3 \\ c_1 & c_2 & c_3 \end{bmatrix} \begin{bmatrix} X_p \\ Y_p \\ Z_p \end{bmatrix} + \begin{bmatrix} \Delta X \\ \Delta Y \\ \Delta Z \end{bmatrix}
$$

$$(4-6-1)$$

式中，λ 为缩放系数；a_i, b_i, c_i 为由角元素 $\varPhi, \varOmega, K$ 的函数组成的方向余弦；$\Delta X, \Delta Y, \Delta Z$ 为坐标原点的平移量。因此，λ，$\varPhi$，$\varOmega$，K，ΔX，ΔY，ΔZ 即为空间相似变换的7个参数。绝对定向就是根据控制点的地面摄影测量坐标和对应的模型坐标(摄测坐标)，解算7个绝对定向参数，最后把待定点的摄影测量坐标换算为地面摄影测量坐标。

4.6.2　空间相似变换公式的线性化

空间相似变换公式（4-6-1）是一个多元的非线性函数，为了便于最小二乘法求解，用多元函数的泰勒公式展开，取一次项得：

$$F = F_0 + \frac{\partial F}{\partial \lambda}\mathrm{d}\lambda + \frac{\partial F}{\partial \varPhi}\mathrm{d}\varPhi + \frac{\partial F}{\partial \varOmega}\mathrm{d}\varOmega + \frac{\partial F}{\partial K}\mathrm{d}K + \frac{\partial F}{\partial \Delta X}\mathrm{d}\Delta X + \frac{\partial F}{\partial \Delta Y}\mathrm{d}\Delta Y + \frac{\partial F}{\partial \Delta Z}\mathrm{d}\Delta Z$$

$$（4-6-2）$$

由于 $\varPhi, \varOmega, K$ 为小角度，当取一次项时，引入微小旋转矩阵，式（4-6-1）可改写为：

$$\begin{bmatrix} X_{tp} \\ Y_{tp} \\ Z_{tp} \end{bmatrix} = \lambda \begin{bmatrix} 1 & -K & -\varPhi \\ K & 1 & -\varOmega \\ \varPhi & \varOmega & 1 \end{bmatrix} \begin{bmatrix} X_p \\ Y_p \\ Z_p \end{bmatrix} + \begin{bmatrix} \Delta X \\ \Delta Y \\ \Delta Z \end{bmatrix} \qquad （4-6-3）$$

按泰勒级数展开，式（4-6-3）写为：

$$\begin{bmatrix} X_{tp} \\ Y_{tp} \\ Z_{tp} \end{bmatrix} = \lambda_0 R_0 \begin{bmatrix} X_p \\ Y_p \\ Z_p \end{bmatrix} + \begin{bmatrix} \Delta X_0 \\ \Delta Y_0 \\ \Delta Z_0 \end{bmatrix} + \begin{bmatrix} 1 & -K & -\varPhi \\ K & 1 & -\varOmega \\ \varPhi & \varOmega & 1 \end{bmatrix} \begin{bmatrix} X_p \\ Y_p \\ Z_p \end{bmatrix}\mathrm{d}\lambda +$$

$$\lambda \begin{bmatrix} 0 & 0 & -1 \\ 0 & 0 & 0 \\ 1 & 0 & 0 \end{bmatrix} \begin{bmatrix} X_p \\ Y_p \\ Z_p \end{bmatrix}\mathrm{d}\varPhi + \lambda \begin{bmatrix} 0 & 0 & 0 \\ 0 & 0 & -1 \\ 0 & 1 & 0 \end{bmatrix} \begin{bmatrix} X_p \\ Y_p \\ Z_p \end{bmatrix}\mathrm{d}\varOmega +$$

$$\lambda \begin{bmatrix} 0 & -1 & 0 \\ 1 & 0 & 0 \\ 0 & 0 & 0 \end{bmatrix} \begin{bmatrix} X_p \\ Y_p \\ Z_p \end{bmatrix}\mathrm{d}K + \begin{bmatrix} 1 & 0 & 0 \\ 0 & 1 & 0 \\ 0 & 0 & 1 \end{bmatrix} \begin{bmatrix} \mathrm{d}\Delta X \\ \mathrm{d}\Delta Y \\ \mathrm{d}\Delta Z \end{bmatrix}$$

式中，$\lambda_0, R_0, \Delta X_0, \Delta Y_0, \Delta Z_0$ 分别为 $\lambda, R, \Delta X, \Delta Y, \Delta Z$ 的近似值。上式经整理可得线性化的绝对定向基本公式：

$$\begin{bmatrix} X_{tp} \\ Y_{tp} \\ Z_{tp} \end{bmatrix} = \lambda_0 R_0 \begin{bmatrix} X_p \\ Y_p \\ Z_p \end{bmatrix} + \begin{bmatrix} \Delta X_0 \\ \Delta Y_0 \\ \Delta Z_0 \end{bmatrix} + \lambda_0 \begin{bmatrix} \mathrm{d}\lambda & -\mathrm{d}K & -\mathrm{d}\Phi \\ \mathrm{d}K & \mathrm{d}\lambda & -\mathrm{d}\Omega \\ \mathrm{d}\Phi & \mathrm{d}\Omega & \mathrm{d}\lambda \end{bmatrix} \begin{bmatrix} X_p \\ Y_p \\ Z_p \end{bmatrix} + \begin{bmatrix} \mathrm{d}\Delta X \\ \mathrm{d}\Delta Y \\ \mathrm{d}\Delta Z \end{bmatrix} \quad (4\text{-}6\text{-}4)$$

4.6.3　坐标的重心化

坐标重心化是摄影测量中经常采用的一种数据预处理方法，用重心化坐标进行结算，可以减少坐标在计算过程中总的有效位数，提高计算精度；也可使法方程的系数简化，个别项的数值变为零，从而加快计算速度。所谓重心，就是参加平差计算的摄影测量坐标或地面摄影测量坐标的几何中心(均值)，以重心为原点的坐标称为重心化坐标。若有n个控制点参与计算，则地面摄影测量坐标重心与相应的摄影测量坐标重心为：

$$\begin{cases} X_{tpg} = \dfrac{\sum X_{tp}}{n}, Y_{tpg} = \dfrac{\sum Y_{tp}}{n}, Z_{tpg} = \dfrac{\sum Z_{tp}}{n} \\ Y_{pg} = \dfrac{\sum X_p}{n}, Y_{pg} = \dfrac{\sum Y_p}{n}, Z_{pg} = \dfrac{\sum Z_p}{n} \end{cases} \quad (4\text{-}6\text{-}5)$$

求重心坐标时必须要注意一点，就是两个坐标系中采用的点数要相等，同时点名要一致。

重心化的地面摄测坐标为：

$$\begin{cases} \overline{X}_{tp} = X_{tp} - X_{tpg} \\ \overline{Y}_{tp} = Y_{tp} - Y_{tpg} \\ \overline{Z}_{tp} = Z_{tp} - Z_{tpg} \end{cases} \quad (4\text{-}6\text{-}6)$$

重心化的摄测坐标为：

$$\begin{cases} \overline{X}_p = X_p - X_{pg} \\ \overline{Y}_p = Y_p - Y_{pg} \\ \overline{Z}_p = Z_p - Z_{pg} \end{cases} \tag{4-6-7}$$

将重心化坐标代入绝对定向的基本公式(4-6-1)可得：

$$\begin{bmatrix} \overline{X}_{tp} \\ \overline{Y}_{tp} \\ \overline{Z}_{tp} \end{bmatrix} = \lambda R \begin{bmatrix} \overline{X}_p \\ \overline{Y}_p \\ \overline{Z}_p \end{bmatrix} + \begin{bmatrix} \Delta X \\ \Delta Y \\ \Delta Z \end{bmatrix} \tag{4-6-8}$$

4.6.4　绝对定向解算

绝对定向解算就是确定空间相似变换的7个待定参数，至少需要列出7个方程。在航空摄影测量中，需要利用最少2个平面高程控制点和1个高程控制点。若有多余观测，便可按最小二乘原理来解算。

在式(4-6-4)中，将摄影测量坐标 (X_p, Y_p, Z_p) 作为观测值，相应的改正数为 (v_X, v_Y, v_Z)，式(4-6-4)可改写为：

$$-\lambda_0 R_0 \begin{bmatrix} v_X \\ v_Y \\ v_Z \end{bmatrix} = \lambda_0 \begin{bmatrix} \mathrm{d}\lambda & -\mathrm{d}K & -\mathrm{d}\Phi \\ \mathrm{d}K & \mathrm{d}\lambda & -\mathrm{d}\Omega \\ \mathrm{d}\Phi & \mathrm{d}\Omega & \mathrm{d}\lambda \end{bmatrix} \begin{bmatrix} X_p \\ Y_p \\ Z_p \end{bmatrix} + \begin{bmatrix} \mathrm{d}\Delta X \\ \mathrm{d}\Delta Y \\ \mathrm{d}\Delta Z \end{bmatrix} - \begin{bmatrix} X_{tp} \\ Y_{tp} \\ Z_{tp} \end{bmatrix} + \lambda_0 R_0 \begin{bmatrix} X_p \\ Y_p \\ Z_p \end{bmatrix} + \begin{bmatrix} \Delta X_0 \\ \Delta Y_0 \\ \Delta Z_0 \end{bmatrix} \tag{4-6-9}$$

由于 Φ, Ω, K 均为小角度且 $\lambda_0 \approx 1$，同时将重心化坐标代入可将上式简写为：

$$-\begin{bmatrix} v_X \\ v_Y \\ v_Z \end{bmatrix} = \begin{bmatrix} \mathrm{d}\lambda & -\mathrm{d}K & -\mathrm{d}\Phi \\ \mathrm{d}K & \mathrm{d}\lambda & -\mathrm{d}\Omega \\ \mathrm{d}\Phi & \mathrm{d}\Omega & \mathrm{d}\lambda \end{bmatrix} \begin{bmatrix} \overline{X}_p \\ \overline{Y}_p \\ \overline{Z}_p \end{bmatrix} + \begin{bmatrix} \mathrm{d}\Delta X \\ \mathrm{d}\Delta Y \\ \mathrm{d}\Delta Z \end{bmatrix} - \begin{bmatrix} l_X \\ l_Y \\ l_Z \end{bmatrix} \tag{4-6-10}$$

式中：

$$\begin{bmatrix} l_X \\ l_Y \\ l_Z \end{bmatrix} = \begin{bmatrix} \overline{X}_{tp} \\ \overline{Y}_{tp} \\ \overline{Z}_{tp} \end{bmatrix} - \lambda_0 R_0 \begin{bmatrix} \overline{X}_p \\ \overline{Y}_p \\ \overline{Z}_p \end{bmatrix} - \begin{bmatrix} \Delta X_0 \\ \Delta Y_0 \\ \Delta Z_0 \end{bmatrix} \tag{4-6-11}$$

将式(4-6-10)改写为误差方程的矩阵形式，其一般形式为：

$$-\begin{bmatrix} v_X \\ v_Y \\ v_Z \end{bmatrix} = \begin{bmatrix} 1 & 0 & 0 & \overline{X}_p & -\overline{Z}_p & 0 & -\overline{Y}_p \\ 0 & 1 & 0 & \overline{Y}_p & 0 & -\overline{Z}_p & \overline{X}_p \\ 0 & 0 & 1 & \overline{Z}_p & \overline{X}_p & \overline{Y}_p & 0 \end{bmatrix} \begin{bmatrix} \mathrm{d}\Delta X \\ \mathrm{d}\Delta Y \\ \mathrm{d}\Delta Z \\ \mathrm{d}\lambda \\ \mathrm{d}\Phi \\ \mathrm{d}\Omega \\ \mathrm{d}K \end{bmatrix} - \begin{bmatrix} l_X \\ l_Y \\ l_Z \end{bmatrix} \tag{4-6-12}$$

$$-V = AX - L \tag{4-6-13}$$

相应的法方程为：

$$A^{\mathrm{T}} PAX = A^{\mathrm{T}} PL \tag{4-6-14}$$

相应的法方程的解为：

$$X = \left(A^{\mathrm{T}} PA \right)^{-1} A^{\mathrm{T}} PL \tag{4-6-15}$$

式中：

$$X = \left[\mathrm{d}\Delta X, \mathrm{d}\Delta Y, \mathrm{d}\Delta Z, \mathrm{d}\lambda, \mathrm{d}\Phi, \mathrm{d}\Omega, \mathrm{d}K \right]^{\mathrm{T}}$$

$$A^{\mathrm{T}}A = \begin{bmatrix} n_X & 0 & 0 & \sum\overline{X} & \sum\overline{Z} & 0 & \sum\overline{Y} \\ 0 & n_Y & 0 & \sum\overline{Y} & 0 & \sum\overline{Z} & -\sum\overline{X} \\ 0 & 0 & n_Z & \sum\overline{Z} & -\sum\overline{X} & -\sum\overline{Y} & 0 \\ \sum\overline{X} & \sum\overline{Y} & \sum\overline{Z} & \sum(\overline{X}^2+\overline{Y}^2+\overline{Z}^2) & 0 & 0 & 0 \\ \sum\overline{Z} & 0 & -\sum\overline{X} & 0 & \sum(\overline{X}^2+\overline{Z}^2) & \sum\overline{XY} & \sum\overline{ZY} \\ 0 & \sum\overline{Z} & -\sum\overline{Y} & 0 & \sum\overline{XY} & \sum(\overline{Y}^2+\overline{Z}^2) & -\sum\overline{XZ} \\ \sum\overline{Y} & -\sum\overline{X} & 0 & 0 & \sum\overline{ZY} & -\sum\overline{XZ} & \sum(\overline{X}^2+\overline{Y}^2) \end{bmatrix}$$

（4-6-16）

$$A^{\mathrm{T}}L = \begin{bmatrix} \sum l_X \\ \sum l_Y \\ \sum l_Z \\ \sum(\overline{X}l_X+\overline{Y}l_Y+\overline{Z}l_Z) \\ \sum(\overline{X}l_Z-\overline{Z}l_Y) \\ \sum(\overline{Y}l_Z-\overline{Z}l_X) \\ \sum(\overline{X}l_Y-\overline{Y}l_X) \end{bmatrix}$$

（4-6-17）

由于采用了重心化坐标，式(4-6-16)中的 $\sum\overline{X}=\sum\overline{Y}=\sum\overline{Z}=0$，则式（4-6-16）可改写为：

$$A^{\mathrm{T}}A = \begin{bmatrix} n_X & 0 & 0 & 0 & 0 & 0 & 0 \\ 0 & n_Y & 0 & 0 & 0 & 0 & 0 \\ 0 & 0 & n_Z & 0 & 0 & 0 & 0 \\ 0 & 0 & 0 & \sum(\overline{X}^2+\overline{Y}^2+\overline{Z}^2) & 0 & 0 & 0 \\ 0 & 0 & 0 & 0 & \sum(\overline{X}^2+\overline{Z}^2) & \sum\overline{XY} & \sum\overline{ZY} \\ 0 & 0 & 0 & 0 & \sum\overline{XY} & \sum(\overline{Y}^2+\overline{Z}^2) & -\sum\overline{XZ} \\ 0 & 0 & 0 & 0 & \sum\overline{ZY} & -\sum\overline{XZ} & \sum(\overline{X}^2+\overline{Y}^2) \end{bmatrix}$$

（4-6-18）

式(4-6-17)中的 $\sum l_X,\sum l_Y,\sum l_Z$ 可按式(4-6-11)改写为：

$$\begin{bmatrix} \sum l_X \\ \sum l_Y \\ \sum l_Z \end{bmatrix} = \sum \begin{bmatrix} X_{tp} - \Delta X_0 \\ Y_{tp} - \Delta Y_0 \\ Z_{tp} - \Delta Z_0 \end{bmatrix} - \lambda_0 R_0 \sum \begin{bmatrix} \overline{X}_p \\ \overline{Y}_p \\ \overline{Z}_p \end{bmatrix} = \sum \begin{bmatrix} \overline{X}_{tp} \\ \overline{Y}_{tp} \\ \overline{Z}_{tp} \end{bmatrix} - \lambda_0 R_0 \sum \begin{bmatrix} \overline{X}_p \\ \overline{Y}_p \\ \overline{Z}_p \end{bmatrix} = 0$$

（4-6-19）

考虑到式（4-6-19），并以式（4-6-18）作为法方程系数矩阵可知，以重心化坐标解算相似变换的参数（或绝对定向的参数）时，7个参数中3个平移量为零，实际只解算4个参数：$d\lambda, d\Phi, d\Omega, dK$，并且其中的 $d\lambda$ 可以单独求出。

空间相似变换的解算也是采用迭代计算，逐渐趋近的，具体步骤如下：

①将用于绝对定向的控制点的地面测量坐标转换为地面摄影测量坐标，并确定7个绝对定向元素的初始值：$\Phi_0 = \Omega_0 = K_0, \lambda_0 = 1, \Delta X_0 = \Delta Y_0 = \Delta Z_0 = 0$。

②计算地面摄影测量坐标重心和重心化的地面摄影测量坐标。

③计算摄影测量坐标重心和重心化的摄影测量坐标。

④根据确定的初始值(或新的近似值)，计算误差方程的常数项。

⑤逐点组成误差方程式并法化。

⑥求解法方程，得7个绝对定向元素的改正数，并与原值相加得到新值。

⑦判断绝对定向元素的改正数是否小于限值。当大于限值时，重复步骤④~⑦。

⑧根据求得的绝对定向元素，将所有模型点的摄影测量坐标转换为地面摄影测量坐标。

第5章　解析空中三角测量

　　空中三角测量是指利用摄影测量分析方法来确定在该地区的所有影像的外方位元素。即在一条航带几十个像对覆盖的区域或由几条航带几百个像对所构成的区城内，仅由野外作业实测到的少量的几个控制点，按一定的数学模型，平差解算出摄影测量作业过程中所需的全部控制点及每张像片的外方位元素。这些由平差解算出的控制点一般称作加密点，而空中三角测量求解外方位元素的过程便被称为解析空中三角测量加密，即解析空三加密。空中三角测量经过近百年的不断发展，可以分为模拟摄影测量、解析摄影测量和数字摄影测量三个阶段。作为航空摄影测量过程中重要的环节之一，空中三角测量在不断地发展，其解算所得到的测定点的精度也在不断地提高，因此在摄影测量中它的意义也显得尤为重要。首先，可以不需要作业人员去野外对待测定的对象进行现场勘测，在影像上就能对其进行测定，这样，外在的各种环境因素对作业人员视野的影响就消除了，能够直接测出航测仪曝光时的空间位置和姿态参数。其次，可以缩短作业时间，在相同的时间内可以对更大的范围进行测量，从而提高了作业员的作业效率，节省了作业成本。最后，在野外作业时，作业人员会因各种外观因素而影响结果的精度，例如：天气影响了视野、作业区环境（如山区、沙漠等）加大了作业人员作业的难度等。而空中三角测量极大地减少了野外作业控制点，从而减少了野外工作量，作业人员使用软件进行空三平差解算，所得的结果精度具有更高的可靠性。

5.1　概述

5.1.1　空中三角测量的发展

20世纪30年代，人们利用光学和机械的方法对摄影过程进行模拟，从而建立几何模型，它能够直观、客观地表现出航片的空间位置、姿态及其相互关系，被称作是航测过程中的几何反转，这样便可以在模型上进行量测。该技术对于内部作业设备要求较高，而性能好的设备往往价格不菲，从而大大地增加了作业成本，一般的作业单位无法承担如此昂贵的设备，从而导致测量工作无法进行。随着计算机的出现，摄影测量技术人员开始不断地尝试使用计算机对测量过程中复杂的问题进行计算。经过技术人员不断地努力，在20世纪50年代出现了解析空间三角测量的方法，该方法经过不断地改进发展，慢慢地取代了模拟摄影测量。解析摄影测量是根据像点和地面目标点之间的相对数学关系来建立待测物体在目标空间的几何模型。随着这项技术的不断发展，它实现了对大范围测区可以同时进行量测解算，也提高了成果的精度。

从最早的高差仪和地平摄影机，到20世纪50年代的机载无线电定位系统（如绍兰、海兰等）和惯性平台，在摄影测量中利用辅助数据已有70多年的历史，20世纪70年代初期曾一度使用的测高仪和高差仪进行记录，对减少区域网平差中地面高程控制点的数量起到了显著作用。然而，由于这些机载设备的成本高、精度低或数据处理不方便，并且大多只能提供区域网平差所需的少量信息，因此，没能在区域网平差中得到广泛的实际应用。进入20世纪80年代以来，出现了多种高精度机载导航设备（如计算机控制的像片导航系统CPNS等），特别是诸如GPS之类的卫星导航系统。为了发展自己独立的卫星导航系统，许多国家或国际组织都在进行类似于GPS的卫星导航系统的研制。

解析摄影测量不断地发展，衍生了数字摄影测量，它利用计算机对所获取的数据（例如图形数据、影像数据等）进行计算处理，分析目标的几何特性及物理性，从而生产出各种各样的数字产品（例如数字高程模型、数字地图、正射影像图等），还有各种可视化产品（例如专题图、透视图、纵横段面图、电子地图等）。

航空摄影测量是摄影测量的一个分支，而解析空中三角测量是航空摄影测量过程中重要的一个环节，它的发展是必然的。空中三角测量发展过程如图5-1所示。

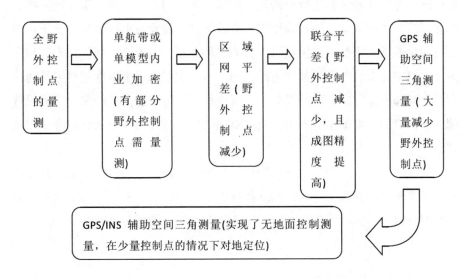

图5-1　空中三角测量的发展过程

在传统作业过程中，人力对空中三角测量自动化的发展产生了阻碍，虽然目前自动化空中三角测量已经得到了一定的发展，但依旧是不够的，在未来，实现全自动化空中三角测量依旧是航空摄影测量的发展重点。实现全自动化空中三角测量，减少甚至不需要外业控制点，从而减小野外作业工作量，达到降低作业难度，节省作业过程中的成本，同时提高作业过程中作业人员的安全性的目的。后期实现全自动化空中三角测量的技术研究的重点应该从以下四个方向进行：①使其能够自动消除系统的误差，从而减小系统误差对结果的影响；②尽可能减小量测误差，从而提高数据的准确性；③使不同来源的数据具有一致性；④能够进行联机测量，实现人机交互，从而提高作业效率。

5.1.2　空中三角测量的方法

空中三角测量的基本原理是利用航摄中不间断获取的具有一定航向重叠及旁向重叠的像片，基于摄影测量学的基础理论和方法，对与实测地区相应的航带模型进行建立，通过模型来获取目标点的高程与平面坐标。解析空中三角测量通常采用的平差模型可以分为三种方法：航带法、独立模型法和光束法。其中光束法的理论是最为严密的，空三加密的成果精度相对另外两种方法要高，但此方法却比较复杂，它需要解算的未知数会比较多，计算量特别大，计算的速度偏慢。不过，当前空间三角测量的加密大部分都会选用该方法。

（1）航带法。空中三角测量的解析对象是单独的一条航带模型。首先要建立航带模型。然后是绝对定向，将航带坐标（C，B，N）转入地面测量的坐标中。取得坐标后，再进行模型的非线性改正，如图5-2所示。[①]

---

① 张岩，朱大明，申辽，等.解析空三航带法区域网平差程序设计[J].软件，2020，41（6）：5.

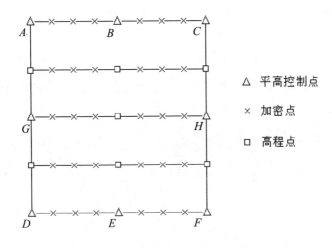

图5-2 航带法区域网空中三角测量

（2）独立模型法。其解析方法和航带法差别不大。不同点在于，该模型是把单独的模型同别的模型连接起来组成一个网络。并且在连接过程中，保证每个模型的误差都不会超限，如图5-3所示。

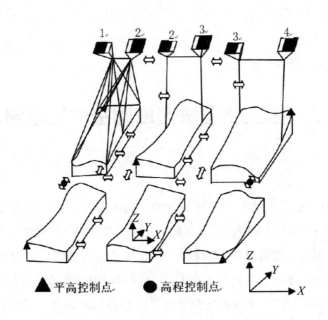

▲平高控制点　●高程控制点

图5-3 独立模型法区域网空中三角测量

独立模型法的计算工作量大，因此也可把平面和高程分开进行求解计算。

（3）光束法。区域网空中三角测量是以投影中心点、地面点以及像点在一条直线上为依据，以像对为单元进行平差计算的方法，如图5-4所示。

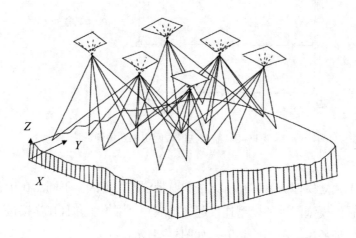

图5-4　光束法区域网空中三角测量

5.2　独立模型法区域网空中三角测量

独立模型法区域网平差是解析空中三角测量加密控制点成果的方法之一。它在平差计算过程中，需要求解每个单元模型的7个参数。当区域中有 N 个单元模型时，就需解 $7N$ 个变换参数。现行的一般解算方法是将每个单元模型的7个变换参数分为两组进行计算，即目前国内外普遍采用的平-高迭代法求解，也就是将7个变换参数分成平面和高程两部分。当区域网整体平差求解出每个单元模型的变换数后，对每个单元模型分别进行旋转、缩放后获得模型点新的重心化坐标，然后再加上新的重心坐标值，即得到模型点新的坐标值。采用这一平差方法——整体平差求解时，每个单元模型只解求4个变换参数。它相当于平-高迭代法中求解平面参数所需要的计算工作量，比平-高迭代法少求解一组高程参数所需要的计算时间。因此，这一平差方法有较大的经济效益。

5.2.1　单个模型的空间相似变换

为了从简单入手进行讨论，首先讨论二维相似变换，再讨论三维空间相似变换。

5.2.1.1　平面坐标的相似变换

以t–X_1Y_1为地面坐标系，以O–X_pY_p为摄影测量坐标系。两种坐标系的变换，除需平移、旋转外，还需进行比例因子的缩放。两种坐标系变换计算公式为：

$$\left. \begin{aligned} X_t &= \lambda\cos\kappa X_p - \lambda\sin\kappa X_p + a \\ Y_t &= \lambda\sin\kappa X_p + \lambda\cos\kappa Y_p + b \end{aligned} \right\} \tag{5-2-1}$$

确定式（5-2-1）的变换需要求解4个变换参数（a，b，λ和K）。如果两坐标系中各点均按同名点取重心化坐标进行变换计算，则只需解求2个参数（λ和κ）。

根据两坐标系中同名控制点，分别求得两坐标系中的重心坐标，其计算公式为：

$$X_{tpg} = \frac{\sum X_{tp}}{n_1}, \quad Y_{tpg} = \frac{\sum Y_{tp}}{n_1}。$$

$$X_{pg} = \frac{\sum X_p}{n_2}, \quad Y_{pg} = \frac{\sum Y_p}{n_2} \text{。}$$

式中，X_{tpg}，Y_{tpg} 为地面摄测坐标重心值；X_{pg}，Y_{pg} 为摄测坐标重心值。需要注意的是，要保持 $n_1 = n_2$ 这一条件，以保证两个重心是同一点。其重心化坐标分别为：

$$\left. \begin{array}{l} \overline{X}_{pi} = X_{pi} - X_{pg}; \quad \overline{Y}_{pi} = Y_{pi} - Y_{pg} \\ \overline{X}_{tpi} = X_{tpi} - X_{tpg}; \quad \overline{Y}_{tpi} = Y_{tpi} - Y_{tpg} \end{array} \right\} \quad (5-2-2)$$

重心化后的坐标变换公式为：

$$\left. \begin{array}{l} \overline{X}_{tp} = \lambda \cos \kappa \overline{X}_p - \lambda \sin \kappa \overline{Y}_p \\ \overline{Y}_{tp} = \lambda \sin \kappa \overline{X}_p + \lambda \cos \kappa \overline{Y}_p \end{array} \right\} \quad (5-2-3)$$

式（5-2-3）中坐标变换计算只需求解两个参数 λ 和 κ。这正是重心化坐标的优点。由此可得：

$$\left. \begin{array}{l} X_{tp} = \overline{X}_{tp} + X_{tpg} = \lambda \cos \kappa \overline{X}_p - \lambda \sin \kappa \overline{Y} + X_{tpg} \\ Y_{tp} = \overline{Y}_{tp} + Y_{tpg} = \lambda \sin \kappa \overline{X}_p + \lambda \cos \kappa \overline{Y}_p + Y_{tpg} \end{array} \right\} \quad (5-2-4)$$

式中，X_{tpg}，Y_{tpg} 不需要在变换公式中求解，在计算重心坐标时已被确定。

将式（5-2-4）写成误差式，按四个未知量取一次项得误差方程式为：

$$\left. \begin{array}{l} -V_x = \Delta\lambda \overline{X}_p - \Delta\kappa \overline{Y}_p + \mathrm{d}X_{tpg} - l_x \\ -V_y = \Delta\kappa \overline{Y}_p + \Delta\lambda \overline{Y}_p + \mathrm{d}Y_{tpg} - l_y \end{array} \right\} \quad (5-2-5)$$

其中

$$\left. \begin{array}{l} l_x = \overline{X}_p - \overline{X}_{tp} \\ l_y = \overline{Y}_p - \overline{Y}_{tp} \end{array} \right\} \quad (5-2-6)$$

即使把重心平移量改正值作为未知量解求，在取重心化坐标的条件下进行计算时得到结果始终为0。也就是取重心化坐标进行二维坐标的变换，只需求解2个未知量，而不是4个未知量。

5.2.1.2 单个模型的空间相似变换

单个模型的空间相似变换，是二维相似变换的推广。取重心化坐标后，单个模型的空间相似变换是绕自身的重心变换的。目前通用的单个模型空间相似变换的线性化公式有7个变换参数。因此，由n个点在两个坐标系（如摄测坐标系和地面摄测系）中的坐标进行相似变换时，若取该n个点的重心坐标进行平差，则平移量改正值均为零。这一结论已在航带法单航带网的绝对定向计算中被证明了。当采用七个未知量进行平差计算时，计算出重心改正值的结果都接近于零，其不为零的原因只是计算中取舍误差的影响。所以单个模型的空间相似变换，在取重心化坐标平差时，也只需要求解4个未知量，而不是7个未知量。

5.2.2 独立模型法区域网平差的计算方案

独立模型法区域网平差，是全区模型整体求解，在独立模型法区域网平差中，可将各模型的$d\Phi$、$d\Omega$、$d\kappa$、$d\Delta\lambda$作为一组未知量求解。不同的是，每个模型进行的空间相似变换不是根据全部外业控制点进行的。在整体平差后，各模型要分别进行相似变换，这样公共连接点上是随各模型的相似变换而变化的，经平差后，各公共连接点与平差前的坐标是不同的，从而导致各模型的外业重心发生了变化。此种变化称为外业重心坐标的改正值$\left(dX_{tpg},\ dY_{tpg},\ dZ_{tpg}\right)$。这样，独立模型法区域网中每个模型要比单个模型的空间相似变换多一组未知量。

下面分析这一组未知量的来源、性质和求解方法。

重心坐标的改正值$\left(dX_{tpg},\ dY_{tpg},\ dZ_{tpg}\right)$是公共连接点上坐标值变化对各

模型重心坐标值的影响。坐标改正数的实质是公共连接点在各自模型绕重心旋转、缩放后的坐标改正数取平均值，这时各模型的野外作业重心要做相应变换。在单个模型中重心改正值为0，而在区域网中，重心改正值为各模型中公共连接点坐标改正值的平均值，即野外作业重心坐标 X_{tpg} 的改正值。当用改正后的坐标重新取外业重心与重心化坐标时，则重心的改正值也是0。

要求区域网平差中重心改正值中的未知数，可用各模型空间相似变换后求得新的坐标，然后在公共连接点上取平均，再根据野外作业控制点与连接点新的平均值重新取重心坐标（ dX_{tpg} , dY_{tpg} , dZ_{tpg} ），则最后坐标即为变换后的坐标加新的野外作业重心坐标。即将模型的7个未知数分为模型的旋转缩放与重心改正值两组未知数，而重心改正值这组未知数只要求出模型第一组未知数后，公共连接点重新取均值，再重新取各模型新的重心坐标，即可得这组改正值。

5.2.3 独立模型法区域网平差系统误差对区域网的影响

当进入大比例尺测图后，航摄比例尺与成图比例尺的差别明显扩大。为了加快成图速度与制作影像地图的需要，日趋广泛地应用一张像片覆盖一幅图，使得摄影比例尺往往比成图比例尺小3~4倍，这就对空中三角测量中的平面和高程精度的要求越来越高。此外，由于高精度测量仪器的出现和系统误差改正技术的不断改进，使解析空中三角测量的精度有可能达到很高的水平。例如，国外的试验表明，在跨距8~12条基线的平面控制点周边，平面坐标精度小于25μm，高程精度在利用宽角像片，且高程控制点跨度为5~6条基线时，达到0.1%。这些成果是对系统误差进行仔细地改正后才达到的，因此，认清系统误差对区域网坐标加密的影响是十分必要的。为此，在完成独立模型法区域网平差程序DM-PG的基础上，特做了一系列系统误差的试验。

5.2.3.1　底片变形试验

选择了三种最常见的不均匀底片变形，即矩形、菱形和梯形变形。每种图形又区别为X方向和Y方向的变形，对梯形还做了随航线的单、双号而改变梯形方向的试验。像片变形值加在模拟像片四角的理论框标坐标上，加入的变形的绝对值为0.1 mm，相对变形为1.0%。

（1）矩形变形。矩形变形像片a和b分别为X方向和Y方向伸长的变形。用这种像片构建区域网后，其变形位于图片右半部。像片矩形变形使区域网平面位置产生上下边凹进、左右边凸出的变形，或者相反，其网的周边的变形类似二次误差累积。最大位移误差产生在周边控制点的中间，误差向区域中间缩小，区域网中心几乎不受影响。高程的误差甚小。

（2）梯形变形。a和b为两种方向的梯形变形像片，每种变形又分为两种：a_1为全区域的像片变形方向一致；a_2为像片变形在同航线内方向一致，但却随单双航线号改变180°方向。

（3）菱形变形。像片菱形变形经区域网平差后，网点发生平面位移，其特点为：每条航线呈明显的菱形变形；区域网中心的位移最小，向四周线性扩展；最大位移δ_X在区域网左右两边的中央，最大位移δ_Y在区域网上下两边的中央。

5.2.3.2　地球曲率

地球曲率对区域网的影响主要表现为高程的系统误差。在区域网的高程控制点间的基线跨距较大时，其影响不可忽视。例如，在模拟区域网中加入地球曲率后，长为25km的区域，网平差后的高程最大误差出现在航向左右侧1/4和3/4处，其值等于1.56m。若用三条垂直高程带进行控制，则理论计算的地球曲率应为

$$\delta_z = \frac{(L/4)^2}{2R} = \frac{1}{32} \times \frac{L^2}{R} = 3\text{m}$$

其中，L为区域网中的航线长度。

由此可见，地球曲率对区域网高程的影响，经平差后尚留有约$\delta_z/2$。因此，这个系统误差必须予以改正。

5.2.3.3 大气折射

对于竖直摄影像片，大气折射引起的像点位移公式为：

$$\Delta r = E\left(r + \frac{r^3}{f^2}\right)$$

式中，E为大气折射系数。其数值等于

$$E = \frac{n_0 - n_H}{2n_0}$$

式中，n_0为海平面的大气折射率；n_H为绝对航高H处的大气折射率。[①]

大气折射使像点产生的移位dr与海平面和高空的大气折射率的差成正比，即航高愈高移位愈大，而焦距愈短移位愈大。可见，大气折光差对区域网高程的影响比地球曲率所造成的高程误差要小得多。因此，在航摄比例尺较大，且高程控制点间距较密时，该项系统误差可以不考虑。

5.3　自检校光束法区域网平差

"自检校法"是空中三角测量中消除系统误差影响最灵活、最有效的方法。本节基于无人机搭载的数码相机存在的镜头畸变、CCD面阵内变形等系

---

① 赵俊羽.解析空中三角测量的作业流程研究[J].东华理工大学学报：自然科学版，2010，33（2）:5.

统误差因素，利用固定翼无人机搭载的SONYDSC-RX1相机获取的影像开展了自检校光束法区域网平差试验，结果证明该方法可以减弱数码相机内参数变化的影响，提高地面控制点、影像外方位元素的定位精度。

5.3.1　无人机影像畸变差

像片系统误差是像片坐标的函数。对于无人机数码相机而言，要建立物理因素作用的系统误差模型，可以采用Salmenper的误差模型。

（1）光学畸变差。光学畸变差是指数码相机物镜系统设计、制作和装配引起的像点偏离其理想位置的点位误差，它是影响像点坐标质量的一项重要误差。光学畸变差分为径向畸变差和偏心畸变差两类。对绝大多数物镜系统，取三个径向畸变系数（k_1，k_2，k_3）就可以准确描述它的径向畸变曲线。

径向畸变差：

$$\begin{cases} \Delta x_r = x\left(k_1 r^2 + k_2 r^4 + k_3 r^6\right) \\ \Delta y_r = y\left(k_1 r^2 + k_2 r^4 + k_3 r^6\right) \end{cases} \tag{5-3-1}$$

式中：r 为径向距离，$r^2 = x^2 + y^2$。

偏心畸变差：

$$\begin{cases} \Delta x_d = p_1\left(r^2 + 2r^2\right) + 2p_2 xy \\ \Delta y_d = p_2\left(r^2 + 2r^2\right) + 2p_1 xy \end{cases} \tag{5-3-2}$$

式中：p_i 为偏心畸变系数。

（2）CCD面阵内变形参数。CCD面阵内变形参数用多项式经验公式表达为：

$$\begin{cases} \Delta x_f = \alpha x + \beta y \\ \Delta y_f = 0 \end{cases} \tag{5-3-3}$$

式中：α 为像素的非正方形比例因子；β 是CCD阵列排列非正交性的畸变系数。

由式（5-3-1）~（5-3-3）得出畸变差的改正为：

$$\begin{cases} \Delta x = \Delta x_r + \Delta x_d + \Delta x_f \\ \Delta y = \Delta y_r + \Delta y_d + \Delta y_f \end{cases}$$

5.3.2　自检校光束法平差模型

光束法区域网平差（bundle block adjustment，BBA）是以光线束为基本单元的一种区域网平差方法。自检校光束法区域网平差（self-bundle blockadjustment，self-BBA）是在常规的误差方程式中，增加由待定参数组成的若干项来抵偿系统误差的影响。

为满足投影中心点、像点、物点三点共线的基本数学条件，必须事先消除像点坐标中的各项系统误差。无人机影像共线条件方程表达式为：

$$\begin{cases} x + v_x - (x_0 - dx_0) + \Delta x = -(f + df) \cdot \\ \dfrac{r_{11}(X_P - X_S) + r_{21}(Y_P - Y_S) + r_{31}(Z_P - Z_S)}{r_{13}(X_P - X_S) + r_{23}(Y_P - Y_S) + r_{33}(Z_P - Z_S)} \\ y + v_y - (y_0 + dy_0) + \Delta y = -(f + df) \cdot \\ \dfrac{r_{11}(X_P - X_S) + r_{22}(Y_P - Y_S) + r_{32}(Z_P - Z_S)}{r_{13}(X_P - X_S) + r_{23}(Y_P - Y_S) + r_{33}(Z_P - Z_S)} \end{cases} \tag{5-3-4}$$

式中，(x, y, f) 为像点的像空间坐标；(vx, vy, df) 为相应的改正数；(x_0, y_0) 为像点坐标偏离真值的误差，(dx_0, dy_0) 为相应的改正数；$(\Delta x, \Delta y)$ 为像点坐标的畸变差改正项。

共线条件方程（5-3-4）采用泰勒级数展开，保留一次项，则有误差方程：

$$Vx = Bx + At - l \tag{5-3-5}$$

将误差方程（5-3-5）、地面控制点误差方程，甚至包括GPS（或POS）观测值误差方程组成相应的法方程，按照最小二乘法的原则进行整体平差计算，得到所求参数的估计值。附加参数在整体的平差过程中同其他参数一起计算出来。在整个区域网内，附加参数是作为不变量处理的，即在区域内所有像片或模型的系统变形也是一致的。

5.3.3　自检校光束法平差精度估计

光束法区域网平差的精度，是空中三角测量质量控制的重要方面。确定光束法区域网平差的精度主要有两种方法：理论分析方法与试验验证方法。理论分析方法是利用统计学中方差-协方差的传播定理推导出平差量的精度；试验验证方法是预先测量大量的地面检查点坐标，将实测的平面位置和高程同区域网平差解算结果进行比较，其差值可作为真误差看待。

在平差中，通常把原始摄影测量观测值的标准误差定为单位权标准误差，用σ_0表示：

$$\sigma_0 = \sqrt{\frac{V^{\mathrm{T}}PV}{n}}$$

参与平差解算的地面控制点（ground control point，GCP）又称定向点；不参与平差解算的地面控制点称为检查点（check point，CP）。通过实地量取一定数量的地面控制点，依据实测坐标的坐标做精度评定。地面控制点精度估算公式为：

$$\begin{cases} m_x = \sqrt{\dfrac{(\Delta x \Delta x)}{N}} \\[2mm] m_y = \sqrt{\dfrac{(\Delta y \Delta y)}{N}} \\[2mm] m_{xy} = \sqrt{m_x^2 + m_y^2} \\[2mm] m_z = \sqrt{\dfrac{(\Delta z \Delta z)}{N}} \end{cases}$$

式中，Δx，Δy，Δz为实测点数据与平差计算数据的差值；m_x，m_y，m_z分别为X，Y和Z方向的坐标中误差；m_{xy}为点位平面中误差；N为控制点个数。

5.4 摄影测量与非摄影测量观测值的联合平差

所谓的摄影测量和非摄影测量观测值的联合平差，指的是在摄影测量平差中使用更一般的原始的控制信息或相对控制条件来补充或取代定向控制点。近年来，由于各种非摄影测量观测值获取手段的扩大，随着获取精度的提高和解析摄影测量平差自身的发展，与非摄影测量观测值的联合平差问题再次受到国际摄影测量界的重视。随着技术的发展，在获得摄影测量观测值的同时，能够获得各种非摄影测量观测值的可能性增大了。特别是随着近景摄影测量的开发和卫星大地测量的发展，愈来愈多的非摄影测量信息可供利用，人们已经在考虑如何利用全球定位系统和惯性测量系统来进行摄影测量的平差。全球定位系统可得到距离或距离差，惯性测量系统可测定线路上各点间X，Y和Z坐标差以及三个定向角。此外，干涉测量技术也有可能被用来测定两个站点间的坐标差。

一个光束平差的专用程序已经编成，程序采用地面测量和摄影测量数据，具有自检校的功能，带有一个"数据探测"的内部粗差检测程序，这个程序计算冗余数及每个平差像点的外部可靠性。用物点间的实际和模拟的地面观测值研究了附加约束对摄影测量系统检测粗差和系统误差能力的影响，在联合平差中，粗差检测得到了显著改善，特别是在光线交会几何条件弱的地方。系统误差的检测没有得到改善，但大大降低了系统误差对平差物坐标（外部可靠性）的影响。

地面观测值加强了地面坐标间的某些关系。由地面观测值联结的点，位移的自由度较小。因此，如果影像坐标有误差，那么根据地面观测值，该误差主要出现在影像残差中，而不出现在地面坐标中，就是说这些点的可靠性较高。在可靠性差的点，例如边缘点之间的距离观测值与摄影测量数据同时平差时，则可大大提高其可靠性（X的冗余数取0~0.8），每一点只需要两段距离。实际区域里的控制点都是仔细测量的，精度要达到0.5mm，这一精度同样适用于地面观测。当从一个点引出的距离为两个或更多时，冗余数增加到0.5~0.9这个范围。在这种情况下，当误差在X方向时物坐标几乎没有得到改变。产生的Z误差几乎都被消除了，而X和Y误差减小得很少。

由此可见，摄影测量和地面测量数据联合平差有一个很大的优点是改善内部和外部可靠性，而所需要的是测量可靠性最差的区域周边上的点间距离（每个点的两个距离）。当高差和摄站高之比大到足以影响坐标相关时，如近景摄影，在这种情况下就不需要高差。但在地面平坦的情况下，用高差则至少可以改善外部可靠性。

因为系统误差要比大多数粗差小得多，对区域内的每个点都有影响，所以我们总是期望联合平差对这两类误差的影响有所不同，对系统识别而言，大概更依赖于误差源和地面观测值的分布。把软片仿射畸变（在像片边缘的最大值为154m）引入到模拟区域的影像坐标上，对残差和物坐标的影响完全不同于透镜不产生显著的误差。大多数物坐标误差是在垂直于距离的方向上，而距离对这个误差的影响很小。

在联合平差中，摄影测量观测值的函数模型取光束法的共线方程为宜。建立各类观测值误差方程式的原则，是在一个统一的三维笛卡儿坐标系中列出观测值与未知参数的关系式。

（1）将物点分成两组，其中所有与非摄影测量信息有关的物点放在第二组中。如果消去全部物点坐标未知数，将法方程式归化为仅含像片定向未知数，则对于第一组物点坐标，相应的法方程式中子矩阵仍然为3×8的对角块结构，十分便于消元。第二组物点坐标之间，由于存在非摄影测量信息的联系，必须整体求逆进行约化。当附加的非摄影测量观测值不多时，求逆的计算量尚可接受。但是，如果相距很远的像片之间存在非摄影测量信息的连接，则归化法方程式将接近于一个满阵。

（2）将与非摄影测量观测值有关的物点坐标保留，并放在像片定向未知数的后面不约去，从而得到一个镶边带状矩阵。

5.5　GPS辅助空中三角测量

众所周知，GPS辅助空中三角测量可大量减少地面控制点、缩短航测成图周期，现已成为中国航空摄影测量加密的主流方法。随着全球卫星导航系统（global navigation satellite system，GNSS）定位技术的发展，GPS精密单点定位（precise point position，PPP）已逐渐取代差分GPS摄站定位。GPS辅助航空摄影时无须架设GPS基准站，并且随着国际GPS服务（International GPS Service，IGS）快速、实时精密星历的发布，摄影测量加密在获得影像后就可以进行，这将加快实时摄影测量发展的步伐。

5.5.1　低空摄影测量中的GPS辅助空中三角测量方法

低空摄影测量具有机动性好、适应性强、成本低、精度高、受气候条件限制少等优点，但由于低空摄影平台质量小、飞行高度低、受气流影响大、航线保持较困难，所拍摄的航摄影像相对于常规航空摄影像片旋偏角大、航线弯曲度大、影像重叠度不规则；加之现有的航摄仪均采用多镜头集成的小型数码相机，所获取影像的幅面较小，单幅影像的地面覆盖范围有限。尽管经过拼接后的等效影像幅面明显增大，但一个测区的影像数往往数倍于常规的航摄像片数，摄影测量加密的像片连接点数量比常规航空摄影测量的要增加好几倍。如果按照传统摄影测量加密要求布设像控点，则会成倍增加像片联测的野外测量工作量。这一方面需要尽快解决像片连接点的高精度和高可靠性自动量测问题，另一方面需要尽可能地减少摄影测量加密对地面控制点的依赖。图5-5为GPS辅助低空航摄系统的工作原理图。

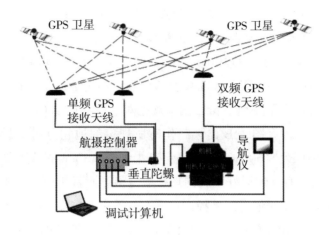

图5-5　GPS辅助低空航空摄影系统工作原理

　　针对低空航摄影像旋偏角大、重叠度不规则的特点，采用SIFT特征匹配与金字塔影像匹配相结合的转点策略，自动提取测图航线间的影像连接点；采用POS辅助影像匹配策略，首先对构架航线实施单航线GPS辅助光束法区域网平差，获得每张影像的6个外方位元素，然后用其辅助完成构架航线与测图航线间的自动转点。这有效地提高了摄影测量加密影像连接点的量测效率和可靠性。

　　针对低空航摄平台受气流影响、姿态变化大的特点，将机载定位双频GPS接收天线安装在航摄仪的正上方，采用17h后的IGS星历进行GPS精密单点定位，对其进行简单的UTM投影后得到摄站平面坐标(X, Y)，摄站Z坐标直接采用GPS大地高，并将所获得的GPS摄站三维坐标直接与像点坐标进行联合平差，很好地回避了常规GPS辅助空中三角测量必须将GPS动态定位结果转换至测图坐标系才能用于摄影测量区域网平差的繁琐变换过程，大大简化了定位GPS摄站的技术难度。

　　针对获取的影像连接点和GPS摄站坐标的系统误差，在GPS辅助光束法区域网平差中采用相应的系统误差补偿模型。对于像点坐标观测值，主要是根据CCD成像特点，可选用改进的Ebner和Brown像点坐标系统误差补偿模型；对于GPS摄站坐标，主要采用逐条航线引入线性漂移误差改正模型，对摄站Z坐标顾及大地水准面异常而加入平移量改正。通过在GPS辅助光束法平差迭代过程中自适应地选择附加参数，达到了消除原始观测值系统误差的目的，较好地保证了摄影测量加密的精度。

根据全区均匀分布的200多个检测点所统计出的地物点坐标量测精度，平面位置中误差小于±20cm，高程中误差小于±15cm。这一检测结果远远好于现行低空数字航空摄影测量规范对于平地1:500数字线划图（B类）、数字正射影像图（B类）制作时所规定的地物点对附近野外控制点平面位置中误差≤60cm、高程注记点中误差≤50cm的精度要求（CH/Z 3003—2010），而且远远好于我国现行航空摄影测量规范对于平地1:500地形测图的地物点对最近野外控制点平面位置中误差≤30cm、高程中误差≤20cm的精度要求（GB/T 1930—2008）。并且，GPS辅助光束法区域网平差与周边布点自检校光束法区域网平差的立体测图结果不存在明显的精度差异。

5.5.2　GPS在航空摄影辅助空中三角测量中的运用

根据GPS辅助航空摄影空中三角测量的需要，对布设的地标点进行不同标志、不同颜色的标记。

（1）地面基准站联测。

地面基准站联测应用天宝5700型双频GPS接收机，观测了两个时段，每隔30s数据采样一次，观测卫星数4颗以上，且卫星截止高度角为5°。为了避免受到不必要因素的干扰，保证GPS辅助航空摄影空中三角测量实践的顺利进行，在布设的2个基准站上都架设了必要的仪器，分别观测两次，一次24h，一次8h，以取得2次不同规格的收集数据，并对观测收集的GPS数据进行下载、格式转换、数据质量检查（采用TEQC数据预处理工具软件）等系统的科学分析，分析符合标准后继续进行GPS辅助航空摄影空中三角测量。结果显示，数据利用率都是100%（要求大于85%），多路径效应最大值为0.30（要求不大于0.50），这表明其中2个基准站所测量的数据合格，没有受到不必要因素的干扰，说明此次观测数据是非常可靠的。

（2）对空地标点观测。

对空地标点观测应用天宝5700型双频GPS接收机。2个基准站都架设在基准点进行长时间观测，而流动站（即地标点）观测2h。当对空地标点距离基准站大于100km时，应适当延长对空地标点的观测时间，时段长度（UTC）以2~4h为宜，保证地标点坐标可以满足像控点（即航空摄影测量中的控制点）的精度要求。与地面基准站联测数据一样，也要将对空地标点观测数据质量用TEQC数据预处理工具软件进行处理与检验，保证观察数据测量结果符合设计要求。

（3）基准站高程联测。

用四等水准精度施测到建筑物附近固定点，再用电磁波高程导线方法施测，实现确定基准站高程的目的。同理，对基准站高程测量数据进行检验，经过检验，基准站高程联测数据各项精度指标都达到了此次设计的要求。

（4）GPS辅助空三角测量数据采集。

GPS辅助空三角测量数据采集需要注意：保证布设于地面基准站的GPS接收机应该具有精确的三维已知坐标；基准站与地标点应该置于地势开阔、地面植被良好的地方，这有助于基准点与动态接收机可以共同观测到卫星并接收GPS信号；预先根据需要选择最佳的卫星组合图形，航空摄影器件基准站观测数据采样间隔时间以1s为宜；观测时段长度（UTC）也要根据航空摄影测量计划进行设定，航空摄影测量时，两个基准站都要同时开机进行观测，飞机滑行前20min开始进行数据采集，飞机落地不动20min后停止基准站观测。

在航空摄影测量期间，基准点与机载GPS接收机应不间断同步采集GPS数据，进行各航带的GPS测量，并对测量数据结果进行检验。经过检验，测量结果符合标准。

5.6　北斗辅助空中三角测量

中国北斗卫星导航系统（Bei Dou System，BDS）在亚太地区具有良好的几何覆盖，在55°E ～180°E、55°S ～55°N的地球范围内，BDS可见卫星数平均在7颗以上，三维位置几何精度因子（position dilution of precision，PDOP）一般小于5。现有关于BDS定位的研究主要集中在中国和澳大利亚。BDS精密定轨径向精度优于±10cm，基线相对定位精度可达毫米级，静态PPP定位精度可达厘米级，动态载波相位差分定位精度可达微米级。这表明BDS定位精度已与GPS相当，完全可以满足不同用户的导航定位需求，这就使得BDS用于航空摄影测量成为可能。BDS辅助空中三角测量的基本思想是将双频BDS接收机、航摄相机集成到飞行平台上，航空摄影时接收机按照设定的频率对BDS卫星进行观测，当相机曝光时，将曝光脉冲信号写入BDS接收机的时标上，以确定相机的曝光时间，并在离线数据处理中通过内插方法获取每张影像曝光时的BDS天线相位中心三维坐标（简称为BDS摄站坐标），将其作为带权观测值引入光束法区域网平差中，以取代像控点，减少野外像片联测工作量。

5.6.1　BDS差分动态定位获取摄站坐标

BDS信号由载波、测距码和导航电文3部分组成，采用3个频率作为载波。其中，B_1（1 561.098MHz）和B_2（1 207.140MHz）对公众开放，B_3（1 268.52MHz）仅向授权用户开放。双频BDS伪距和载波相位观测方程为：

$$\begin{cases} P_1 = \rho + c\left(\mathrm{d}r^r - \mathrm{d}t^s\right) + d_{\mathrm{trop}} + d_{\mathrm{ion}_1} + b_{P_1}^r + b_{P_1}^s + \varepsilon_{P_1} \\ P_2 = \rho + c\left(\mathrm{d}r^r - \mathrm{d}t^s\right) + d_{\mathrm{trop}} + d_{\mathrm{ion}_2} + b_{P_2}^r + b_{P_2}^s + \varepsilon_{P_2} \\ L_1 = \rho + c\left(\mathrm{d}r^r - \mathrm{d}t^s\right) + d_{\mathrm{trop}} + d_{\mathrm{ion}_1} - \lambda_1 N_1 + b_{L_1}^r + b_{L_1}^s + \varepsilon_{L_1} \\ L_2 = \rho + c\left(\mathrm{d}r^r - \mathrm{d}t^s\right) + d_{\mathrm{trop}} + d_{\mathrm{ion}_2} - \lambda_2 N_2 + b_{L_2}^r + b_{L_2}^s + \varepsilon_{L_2} \end{cases}$$

式中，P_i，L_i（$i=1$，2）分别为伪距和相位观测值；ρ为BDS信号从卫星传播到接收机所通过的空间距离；c为光速；dr^r，dt^s分别为接收机r和卫星s的钟差；d_{trop}为卫星相关的对流层天顶延迟；d_{ion_i}为一阶电离层延迟；λ_i为载波波长；N_i为载波相位观测值的整周相位模糊度；b^r为接收机r的观测偏差；b^s为卫星s的观测偏差；εP_i，εL_i分别为伪距及载波相位观测噪声和多路径误差。

由于双差组合观测值可消除接收机/卫星钟差和接收机/卫星的伪距/相位偏差，大大削弱电离层延迟和对流层延迟的影响，采用BDS的B_1、B_2双频观测数据进行差分动态定位，其载波相位观测值的双差观测方程可写为：

$$
\begin{cases}
\nabla\triangle P_{1m,n}^{i,j} = \nabla\triangle\rho_{m,n}^{i,j} + \varepsilon_{\nabla\triangle P_1} \\
\nabla\triangle P_{2m,n}^{i,j} = \nabla\triangle\rho_{m,n}^{i,j} + \varepsilon_{\nabla\triangle P_2} \\
\nabla\triangle L_{1m,n}^{i,j} = \nabla\triangle\rho_{m,n}^{i,j} - \lambda_1\nabla\triangle N_{1m,n}^{i,j} + \varepsilon_{\nabla\triangle L_1} \\
\nabla\triangle L_{2m,n}^{i,j} = \nabla\triangle\rho_{m,n}^{i,j} - \lambda_2\nabla\triangle N_{2m,n}^{i,j} + \varepsilon_{\nabla\triangle L_2}
\end{cases}
$$

式中，$\nabla\triangle P_{1m,n}^{i,j}$，$\nabla\triangle P_{2m,n}^{i,j}$，$\nabla\triangle L_{1m,n}^{i,j}$，$\nabla\triangle L_{2m,n}^{i,j}$分别为$B_1$和$B_2$频率下的双差伪距和载波相位观测值，上标表示卫星信号伪随机码（pseudo randomnoise code，PRN），下标表示组成双差观测值的接收机编号；$\nabla\triangle\rho_{m,n}^{i,j}$为卫星与接收机的几何距离的双差观测值；$\lambda_1$，$\lambda_2$分别为$B_1$和$B_2$的载波波长；$\nabla\triangle N_{1m,n}^{i,j}$，$\nabla\triangle N_{2m,n}^{i,j}$分别为$B_1$和$B_2$频率下的双差载波相位观测值的整周相位模糊度；$\varepsilon_{\nabla\triangle P_1}$，$\varepsilon_{\nabla\triangle P_2}$，$\varepsilon_{\nabla\triangle L_1}$，$\varepsilon_{\nabla\triangle L_2}$为双差卫星轨道误差、电离层延迟误差、对流层延迟误差的残差，基线较短时可以忽略不计。

BDS差分定位的随机模型为：

$$
\boldsymbol{D}_B = \begin{bmatrix} \boldsymbol{D}_{P_B} & \boldsymbol{0} \\ \boldsymbol{0} & \boldsymbol{D}_{L_B} \end{bmatrix}
$$

式中：

$$
\boldsymbol{D}_{P_B} = \sigma_{P_B}^2 \boldsymbol{A}_{(n_B-1)\times n_B} \operatorname{diag}\left(\frac{1}{\sin e_1}, \cdots, \frac{1}{\sin e_i}, \cdots, \frac{1}{\sin e_{n_B}} \right) \boldsymbol{A}_{(n_B-1)\times n_B}^{\mathrm{T}}
$$

$$D_{L_B} = \sigma_{L_B}^2 A_{(n_B-1)\times n_B} \mathrm{diag}\left(\frac{1}{\sin e_1}, \cdots, \frac{1}{\sin e_i}, \cdots, \frac{1}{\sin e_{n_B}}\right) A_{(n_B-1)\times n_B}^{\mathrm{T}}$$

式中：

$$A = \begin{bmatrix} 1 & \cdots & 0 & 0 & -1 & 0 & 0 & \cdots & 0 \\ \vdots & & \vdots & \vdots & \vdots & \vdots & \vdots & & \vdots \\ 0 & \cdots & 0 & 1 & -1 & 0 & 0 & \cdots & 0 \\ 0 & \cdots & 0 & 0 & -1 & 1 & 0 & \cdots & 0 \\ \vdots & & \vdots & \vdots & \vdots & \vdots & \vdots & & \vdots \\ 0 & \cdots & 0 & 0 & -1 & 0 & 0 & \cdots & 1 \end{bmatrix}_{(n_B-1)\times n_B}$$

式中，e_i 为第i号卫星的高度角（$i=1, 2, \cdots, n_B$）。

进行BDS/GPS组合定位时，双差函数模型与随机模型应改写为：

$$\begin{cases} \nabla\triangle P_{1m,n_B}^{i,j} = \nabla\triangle\rho_{m,n}^{i,j} + \varepsilon_{\nabla\triangle P_{1B}} \\ \nabla\triangle P_{2m,n_B}^{i,j} = \nabla\triangle\rho_{m,n}^{i,j} + \varepsilon_{\nabla\triangle P_{2B}} \\ \nabla\triangle L_{1m,n_B}^{i,j} = \nabla\triangle\rho_{m,n}^{i,j} - \lambda_1\nabla\triangle N_{1m,n_B}^{i,j} + \varepsilon_{\nabla\triangle L_{1B}} \\ \nabla\triangle L_{2m,n_B}^{i,j} = \nabla\triangle\rho_{m,n}^{i,j} - \lambda_2\nabla\triangle N_{2m,n_B}^{i,j} + \varepsilon_{\nabla\triangle L_{2B}} \\ \nabla\triangle P_{1m,n_G}^{i,j} = \nabla\triangle\rho_{m,n}^{i,j} + \varepsilon_{\nabla\triangle P_{1\_G}} \\ \nabla\triangle P_{2m,n_G}^{i,j} = \nabla\triangle\rho_{m,n}^{i,j} + \varepsilon_{\nabla\triangle P_{2G}} \\ \nabla\triangle L_{1m,n_G}^{i,j} = \nabla\triangle\rho_{m,n}^{i,j} - \lambda_1\nabla\triangle N_{1m,n_G}^{i,j} + \varepsilon_{\nabla\triangle L_{1G}} \\ \nabla\triangle L_{2m,n_G}^{i,j} = \nabla\triangle\rho_{m,n}^{i,j} - \lambda_2\nabla\triangle N_{2m,n_G}^{i,j} + \varepsilon_{\nabla\triangle L_{2G}} \end{cases}$$

$$D_{B+G} = \begin{bmatrix} D_B & 0 \\ 0 & D_G \end{bmatrix}$$

当同时观测到n_b颗BDS和n_g颗GPS卫星时，BDS/GPS联合解算的未知数应为$2(n_b-1)$个BDS和$2(n_g-1)$个GPS载波相位观测值的整周相位模糊度，进而获得每一个观测历元的GNSS天线相位中心位置。由于BDS采用的是CGCS 2000大地坐标系统和北斗系统时间（Bei-Dou system time，BDT），而GPS采用的是WGS 84坐标系统和GPS系统时间（GPS time，GPST），在BDS/GPS组合定位时，应将两者的坐标和时间基准进行统一。

5.6.2　BDS导航数据与无人机航摄影像数据的联合平差

由无人机航摄系统的结构可知，BDS摄站坐标与摄影中心坐标间的几何关系为：

$$\begin{bmatrix} X_A \\ Y_A \\ Z_A \end{bmatrix} = \begin{bmatrix} X_S \\ Y_S \\ Z_S \end{bmatrix} + R \begin{bmatrix} u \\ v \\ w \end{bmatrix} + \begin{bmatrix} a_X \\ a_Y \\ a_Z \end{bmatrix} + (t - t_0) \begin{bmatrix} b_X \\ b_Y \\ b_Z \end{bmatrix}$$

式中，（X_A，Y_A，Z_A）为曝光时刻的BDS摄站坐标；（X_S，Y_S，Z_S）为摄影中心坐标；（u，v，w）为BDS天线偏心分量；R为由影像外方位角元素构成的正交变换矩阵；a_X，a_Y，a_Z，b_X，b_Y，b_Z为BDS动态定位漂移误差改正参数；t为曝光时刻；t_0为参考时刻，可以是每条航线第一张影像的曝光时刻，也可以是每一个飞行架次第一张影像的曝光时刻。

地面点三维空间坐标与其对应点像平面坐标的几何关系由共线条件方程确定：

$$\begin{cases} x = x_0 - f \dfrac{a_1(X-X_s)+b_1(Y-Y_s)+c_1(Z-Z_s)}{a_3(X-X_s)+b_3(Y-Y_s)+c_3(Z-Z_s)} \\ y = y_0 - f \dfrac{a_2(X-X_s)+b_2(Y-Y_s)+c_2(Z-Z_s)}{a_3(X-X_s)+b_3(Y-Y_s)+c_3(Z-Z_s)} \end{cases}$$

式中，x_0，y_0，f为影像内方位元素；（x，y）为像点的像平面坐标；（X，Y，Z）为对应地面点的三维空间坐标；a_i，b_i，c_i（$i=1$，2，3）为R矩阵的9个元素。

对待量测影像自适应地生成金字塔影像，并在顶层金字塔影像上采用尺度不变特征变换（scale invariant feature transform，SIFT），特征匹配获取初始匹配点，且筛选出分布比较均匀的像片连接点，将其投影到下一层金字塔影像上。根据获得的同名点对，计算当前层金字塔基准影像上标准点位处各区域与搜索影像上对应区域间的透视变换参数，并运用基于单应矩阵的随机抽样一致性（random sample consensus，RANSAC）算法剔除误匹配点。利用各区域的透视变换模型作为几何约束条件，约束当前层金字塔影像匹配的搜索范围，在搜索范围内进行SIFT特征点提取，并与基准影像上标准点位处各SIFT特征点进行匹配，依此对金字塔影像由粗到精进行匹配。当影像匹配进行到原始影像时，采用最小二乘影像相关方法对筛选出的初始匹配点逐一进行精化，使匹配点在灰度和几何上达到最优，并对得到的匹配点利用带选权迭代法的相对定向方法自动剔除误匹配点，保证影像自动量测的精度达到子像素级；接着对获取的匹配点进行无控制点的BDS辅助光束法区域网平差，以获取每一张影像的初始外方位元素。利用获取的初始外方位元素预测相邻航线间、构架航线与测图航线间以及地面控制点对应的像点，以提高航线间的转点准确率和像控点的人工立体观测效率。

第6章 数字摄影测量基础

摄影测量是利用摄影像片进行识别与计算，从而测定物体的形状、大小和位置的一门科学。随着摄影测量技术的快速发展，尤其是空间定位系统和无人机技术的逐渐普及，无人机低空摄影测量技术的应用门槛不断降低，使得该技术的推广、应用发展迅猛。民用低空摄影测量技术向着高效、快捷的方向发展。

6.1 概述

随着数码航空相机、航空激光雷达、CCD卫星等的大批量投入应用，数字摄影测量可以直接提供信息量丰富的多光谱、多尺度、多数据源的遥感影像和三维实体数据等。数字摄影测量的优势目前还保持在大面积城镇区域，对于小面积的区域由于成图精度的限制，即使现在发展起来的低空无人机遥感技术因为还不是很成熟、系统稳定性差、成本高、风险大、精度低等原因未被大量应用[①]。

对于摄影测量来说，把数字化的技术与之相结合，通过更为科学的运用方法，使所摄影的对象具有更高的辨识度。运用计算机技术与数字影像处理、匹配的理论与方法，把所摄影的对象通过数字的方式来表达，使其不仅仅是运用数字记录的数据，而且相应处理的原始资料也是用数字的方法表示的，使产品数字化，这种全方位的数字理念就是数字摄影测量的定义。

数字摄影测量系统通过形成数字化的影像，把产品数字化，使图片、影像从原来的依赖人眼的立体观察变成以计算机视觉为载体，使影像更加的生动。计算机通过把对影像的匹配与识别取代人体的立体的观测，使提取的信息自动化，把数字影像与数字化影像进行处理，得出影像数字化测图。数字影像实际上是一个空间的灰度矩阵G：

$$G = \begin{bmatrix} g_{0,0} & g_{0,1} & \cdots & g_{0,n-1} \\ g_{1,0} & g_{1,1} & \cdots & g_{1,n-1} \\ \vdots & \vdots & & \vdots \\ g_{m-1,0} & g_{m-1,1} & \cdots & g_{m-1,n-1} \end{bmatrix}$$

对坐标系和相片坐标系之间的变换参数进行扫描，使其数字影像的框标得到定位。

数字摄影测量系统包括影像匹配算法、计算机视觉技术、空三加密理论算法和系统误差检校等核心技术，是一个集计算机科学、数字图像处理技术、数学等多学科交叉的新兴科学系统。数字摄影测量研究的还是精度问题，目前已在空间直接定位、多模式传感器空三加密算法、多时相影像匹配等领域取得很大进展。由于模式识别技术、计算机视觉技术的应用，大部分的数字摄影测量系统可以实现道路、河流等线状地物的边缘提取，但自动化技术往往停留在影像的自动匹配、DEM/DOM的自动生成，而DLG的采集仍然需要大量的手工作业。如何克服上述问题，这也是数字摄影测量今后发展的一个重点。另外,数字摄影测量如何应用于近景摄影测量、工程测量方面也正在逐步进行。

---

① 张志乐.数字摄影测量在城市地理信息更新中的优势与发展[J].河南科技, 2010（4）:1.

6.2 数字影像重采样方法实现

影像重采样是摄影测量和遥感领域中进行图像处理时经常需要采用的技术。例如，对影像的放大缩小、任意角度的旋转、构建核线影像和遥感影像几何校正等操作，由于变换后的影像有可能在原图中找不到对应的像素点，这就需要灰度重采样、影像重采样的精度直接影响到几何校正的精度、影像的保真度以及几何校正的计算效率。因此，选择合适的重采样方法，将为其他后续处理过程奠定良好的基础，对提高数据处理效率有重要意义。

6.2.1 重采样的方法

根据卷积核的不同，分类出了不同的重采样方法。目前广泛使用的3种方法为最邻近内插法、双线性内插法和三次卷积法。

（1）最邻近内插法。

最邻近内插法即直接将最邻近的像元灰度值作为重采样后的灰度值。假设经几何变换后输出影像上坐标为(x', y')，对应像素点在原影像上对应的最邻近位置坐标为(x, y)，则最邻近像素(u, v)的坐标可根据下式确定：

$$\begin{cases} u = |x + 0.5| \\ v = |y + 0.5| \end{cases} \qquad (6\text{-}2\text{-}1)$$

式中，$|\cdot|$表示取整，(x', y')处的灰度值可按照原图像(u, v)处的灰度值计算。

（2）双线性内插法。

如图6-1所示，设$g(x', y')$上像素坐标为(x', y')的点对应于原影像$f(x, y)$的坐标为(x, y)，(u, v)为(x, y)坐标取整后的结果，则可由(x, y)的4个邻点灰度值插值来求此处的灰度值。

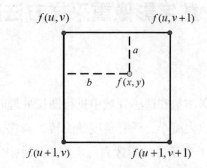

图6-1　双线性内插示意图

令 $a=x-u$, $b=y-v$, 则 $g(x', y')$ 的灰度值按如下公式计算：

$$g(x', y') = f(x, y) = bt_1 + (1-b)t_2 \qquad （6-2-2）$$

式中, $t_1 = af(u+1, v) + (1-a)f(u+1, v+1)$; $t^2 = af(u, v+1) + (1-a) \cdot f(u, v)$; $f(x, y)$ 为 (x, y) 处的灰度值。

（3）双三次卷积法。

设 (x', y') 对应原始图像中的 (x, y) , 则 (x', y') 处的灰度值 $g(x', y')$ 可按照 (x, y) 处的灰度值 $f(x, y)$ 计算, 但 (x, y) 不位于原始图像的整像素位置, 因此该处的灰度值可以参考其相邻的16个像素的灰度值计算。假设 (u, v) 为 (x, y) 坐标取整后的结果, 其周围16个像素组成邻点矩阵为：

$$\boldsymbol{B} = \begin{bmatrix} f(u-1,v-1) & f(u-1,v) & f(u-1,v+1) & f(u-1,v+2) \\ f(u,v-1) & f(u,v) & f(u,v+1) & f(u-1,v+2) \\ f(u+1,v-1) & f(u+1,v) & f(u+1,v+1) & f(u+1,v+2) \\ f(u+2,v-1) & f(u+2,v) & f(u+2,v+1) & f(u+2,v+2) \end{bmatrix} \qquad （6-2-3）$$

$g(x', y')$ 可以按照式（6-2-4）求取：

$$g(x', y') = f(x, y) = \boldsymbol{ABC} , \qquad （6-2-4）$$

式 中 : $A = [s(1+b)s(b)s(1-b)s(2-b)]$ （ $s(\bullet)$ 函数见式（6-2-5 ））；

$$\boldsymbol{C} = [s(1+a)s(a)s(1-a)s(2-a)], \quad a = x - u, \quad b = y - v \text{。}$$

$$s(w) = \begin{cases} 1 - 2|w|^2 + |w|^3, |w| < 3 \\ 4 - 8|w| + 5|w|^2 - |w|^3, 1 \leqslant |w| < 2 \\ 0, |w| \geqslant 2 \end{cases} \quad （6\text{-}2\text{-}5）$$

6.2.2　重采样坐标计算

经过重采样后，重采样图像中 (x', y') 对应原始图像中的 (x, y) 需要经过不同的运算才能得到，下面介绍缩放和旋转两种情况下的坐标计算。

（1）缩放坐标计算。

假设 X 轴的缩放比例是 kx，Y 轴的缩放比例是 ky，则缩放后的输出影像的点 (x', y') 对应原图中的 (x, y) 位置，可按照式（6-2-6）求取：

$$\begin{cases} x = x' / kx \\ y = y' / ky \end{cases} \quad （6\text{-}2\text{-}6）$$

计算求得的 (x, y) 处的对应灰度值 $f(x, y)$ 即为缩放后 $g(x', y')$ 处的灰度值，遍历所有 (x', y') 则可得到完整的缩放后的图像。

（2）旋转坐标计算。

以图像的中心为原点，根据设定的角度旋转后，会有一部分坐标超出原始图像范围，在处理过程中可将这部分坐标处的灰度值赋0，其他像素按照平面直角坐标旋转的关系寻找对应的原始图像中的像素位置。假设旋转后的像素坐标为 (x', y')，对应原始图像中的坐标为 (x, y)，则 (x, y) 可由下式得到：

$$\begin{bmatrix} x \\ y \end{bmatrix} = \begin{bmatrix} \cos\alpha & \sin\alpha \\ -\sin\alpha & \cos\alpha \end{bmatrix} \begin{bmatrix} x' \\ y' \end{bmatrix} \quad （6\text{-}2\text{-}7）$$

式中，α 为图像旋转的角度。

（3）重采样灰度值计算。

得到重采样后的像素坐标在原始图像中对应的坐标后，即可完成影像的重采样工作，具体实现流程如下：

①遍历输出图像的每个像素 (x', y')，输出图像指原始图像经过缩放或者旋转后的结果；

②根据对应的缩放或旋转重采样过程，计算在原始图像中的对应坐标 (x, y)；

③选择不同的插值方法计算 (x, y) 对应的灰度值 $f(x, y)$；

④将 $f(x, y)$ 赋值给 $g(x', y')$，直到所有的 (x', y') 处的灰度值赋值完成，则完成整个重采样过程；

⑤显示重采样后的图像。

6.3 数字影像的特征提取

特征提取是数字图像处理和计算机视觉的重要内容，是特征匹配、影像建模的关键步骤。数字影像的基本特征主要包括特征点、边缘线、区域等。特征提取主要是利用影像的灰度信息来检测灰度、梯度变化较大的角点和边缘点。现有的特征提取算子对纹理丰富、对比度强、信噪比高的影像有很好的提取效果，但是对于影像反差小、存在噪声的影像则提取效果不理想。因此，现有特征提取方法通常在特征提取前，先对影像进行预处理。常用的影像增强方法有线性拉伸、Wallis滤波、直方图均衡等。其中，Wallis滤波是一种比较特殊的滤波器，它可以增强不同尺度的影像纹理模式，特别是对于低反差影像和反差不均匀的影像有很好的效果。Wallis滤波应用都是将影像的灰度均值和标准偏差映射到给定的灰度均值和标准偏差上。尽管该变换在计算影像的局部窗口灰度均值和标准偏差时引入平滑算子，在一定程度上抑制了影像噪声，但是直接对原始影像进行Wallis变换，影像对比度和噪声都将被增强，因此影像全局噪声还是得到了增强，直接影响了后续特征提取结果。

6.3.1　Wallis滤波算法原理

Wallis滤波是一种局部影像变换，该变换使影像在不同位置处的灰度均值和标准偏差都具有近似相等的数值。Wallis滤波的一般形式为：

$$\begin{cases} f(x,y) = g(x,y)r_1 + r_0 \\ r_1 = \dfrac{cs_f}{\left(cs_g + (1-c)s_f\right)} \\ r_0 = bm_f + (1-b-r_1)m_g \end{cases} \qquad (6-3-1)$$

式中，M_g 和 S_g 分别是原始影像的一定大小局部窗口灰度均值和标准偏差，分别表示为：$mg = \dfrac{1}{m \times n} \sum\limits_{x,y \in D_{m,n}} g(x,y)$ ，$s_g = \sqrt{\dfrac{1}{m \times n} \sum\limits_{x,y \in D_{m,n}} \left[g(x,y) - m_g\right]^2}$ ；$g(x,y)$ 和 $f(x,y)$ 分别为原始影像和Wallis滤波后的影像；参数 r_1、r_0 分别为乘性系数和加性系数；D 为大小为 $m \times n$ 的窗口；m_f 和 s_f 分别为滤波后影像局部灰度均值和标准偏差的目标值；c 为影像标准偏差的扩展常数，它的取值范围为 $[0,1]$，该系数应随着处理窗口的增大而增大；b 为影像亮度系数，它的取值范围为 $[0,1]$，当 $b \to 1$ 时，影像的均值被强制到 m_f，而当 $b \to 0$ 时，影像的均值被强制到 m_g。当 $c=1$，$b=1$ 时，为经典形式的Wallis滤波：

$$f(x,y) = \left[g(x,y) - m_g\right] \cdot \frac{s_f}{s_g} + m_f \qquad (6-3-2)$$

此时，$r_1 = \dfrac{s_f}{s_g}, r_0 = m_f + r_1 m_g$。

为了避免采用Wallis滤波对影像进行增强后，增大影像上的噪声信息，这里在Wallis滤波前先采用自适应平滑滤波对影像进行去噪。自适应平滑滤波计算是一个迭代过程，设置最大迭代次数为 k ，算法的具体实现步骤如下：

（1）令初始迭代次数 $n=0$ ，对最大迭代次数 k 以及参数 n 的值进行设置；

（2）计算第 n 次迭代的梯度 $G_x^{(n)}(x,y)$ 和 $G_y^{(n)}(x,y)$ 为

$$
\begin{cases}
G_x^{(n)}(x,y)=\dfrac{1}{2}\Big[I^{(n)}(x+1,y)-I^{(n)}(x-1,y)\Big] \\
G_y^{(n)}(x,y)=\dfrac{1}{2}\Big[I^{(n)}(x,y+1)-I^{(n)}(x,y-1)\Big]
\end{cases}
$$

（3）计算第 n 次迭代的窗口权系数 $w^{(n)}(x,y)$ 为：

$$
w^{(n)}(x,y)=\mathrm{e}^{-\frac{\left[G_x^{(n)}(x,y)\right]^2+\left[G_y^{(n)}(x,y)\right]^2}{2h^2}}
$$

（4）卷积计算为：

$$
I^{(n+1)}(x,y)=\frac{\displaystyle\sum_{i=-1}^{1}\sum_{j=-1}^{1}I^{(n)}(x+i,y+i)w^{(n)}(x+i,y+i)}{\displaystyle\sum_{i=-1}^{1}\sum_{j=-1}^{1}w^{(n)}(x+i,y+i)}
$$

（5） n 是否等于 k ？如果 $n=k$ ，则迭代停止；否则 $n=n+1$ ，转步骤（2）。

权系数 w 的值是通过影像梯度 G_x ， G_y 和参数 n 计算得到的，参数 n 的值决定了影像平滑过程中边缘细节信息被保留的程度。 n 越大，边缘细节信息将被平滑掉； n 越小，边缘以及噪声都将被保留，没有达到平滑效果。因此， n 的取值对最终影像平滑效果起着决定性的作用。参数 n 通常取 $1.5\sim2.0$ 倍标准差大小。

6.3.2 Wallis滤波的影像增强技术

Wallis滤波的数字影像特征提取算法是在Wallis滤波对影像进行纹理增强之前，先增加自适应平滑滤波对影像进行去噪平滑处理。算法具体步骤如下：

（1）采用自适应平滑滤波对影像进行去噪。

（2）对平滑后影像分区域计算灰度均值 m_g 和标准偏差 s_g。将影像划分为固定大小、互不重叠的矩形窗口区域，窗口的尺度对应于要增强的纹理模式的尺度，分别计算窗口的 m_g 和 s_g。

（3）根据输入的参数计算每个区域Wallis滤波的乘性系数 r_1 和加性系数 r_0。其中，参数 m_f 和 s_f 分别设定为127和40~70的数值，其中 s_f 应随着区域尺度的减小而减小，以防止大量像素的灰度值达到饱和（即落于 [0, 255] 之外）；影像反差扩展常数 c 取值范围为 [0, 1]，采用0.75~1之间的值，可防止影像上的低灰度值被增强；影像亮度系数 b 取值范围为 [0, 1]，采用0.5~1之间的值，可以很好地保持影像原有的局部灰度均值。

（4）根据步骤（1），对每个区域的 r_1 和 r_0 计算该区域中心点Wallis滤波变换后的灰度值，将其记为矩阵 R，计算所有区域中心点变换后灰度值的均值和标准方差，分别记为 m_R 和 s_R。

（5）对原始影像 $g(x,y)$ 逐像素进行Wallis滤波变换。由于各窗口不重叠，所以影像上任一像素的系数 r_1，r_0 均采用双线性内插得到，并根据步骤（1）计算出所有像素新的灰度值。

（6）根据步骤（2），对Wallis滤波变换后的影像再次进行全局经典Wallis滤波变换，其中 m_g 和 s_g 用 m_R 和 s_R 代替。该过程可以进一步增强影像锐化程度，增加影像对比度。

（7）输出影像。

6.3.3　Wallis滤波在数字影像特征提取中的应用

（1）自适应平滑滤波去噪。采用峰值信噪比PSNR（peak signal noise ration）、图像表述归一化均方误差NMSE（normalized mean square error）、结构相似度SSIM（structual similarity）对滤波效果进行客观评价。图像表述归一化均方误差ENMS越小，滤波效果越好，峰值信噪比RPSN越大，滤波效果越好，同时结构相似度SSUM的值越接近1，说明滤波后结构保持得越好。

（2）基于Moravec算子特征点提取。Moravec算子是利用灰度方差提取影像上的特征点。检测灰度值变化较大的点，主要检测4个方向上具有最大–最小灰度方差的点作为特征点。具体步骤如下：

①计算每个像元的兴趣值。以待检测像元为中心建立 $n \times n$ 大小的影像窗口，在窗口内分别计算该像元4个方向相邻像元灰度差的平方和，选择4个方向上灰度差平方和的最小值作为该像元的兴趣值。

②设定经验阈值，将兴趣值大于阈值的点作为候选特征点。

③在一定大小的局部窗口内，选择1个兴趣值最大的点作为该窗口的特征点。

（3）基于相位编组的特征线提取。特征线是指影像上的边缘与线。边缘可以定义为影像局部区域特征不相同的那些区域间的分界线，而线则可以认为是具有很小宽度的其中间区域具有相同的影像特征的边缘对，也就是距离很小的1对边缘构成1条线。常用的特征线提取方法有Hough变换、FreeMan链码、相位编组三种。其中相位编组法是建立在梯度相位一致的基础上。根据像素的梯度方向信息，将图像或者边缘检测点划分为不同支持区域，按照角度分区原则将相邻的梯度方向相近的点编组为1个直线支持区，然后对支持区进行直线拟合。算法具体实现如下：

①利用Sobel算子计算每个像元的梯度幅值和梯度方向。

②梯度相位编组。将0°～360°分为8个分区，每个分区间隔跨度为45°。根据梯度方向角将像元划分到对应的分区内，并赋予其对应的分区号1～8。为了避免分区处特征线提取结果不连续，相位编组算法采用交替重叠的分区方式进行二次编码。采用方向链码或联通成分法将具有相同标号的邻接点连

接，形成直线支持区。对于2次分区方式下编码不同的像元，将其归为较长的直线支持区内。

③在每个直线支持区内进行直线拟合或者提取对应的直线。采用自适应平滑滤波对影像进行平滑，再利于Wallis滤波技术对平滑后的影像进行增强。图中纹理信息得到丰富，原始影像中存在的非常弱的纹理模式得到了增强，提高了影像的信噪比，效果较好。若直接基于Wallis滤波增强影像，原始影像上的纹理模式得到了增强，但是噪声也被增强。由于经过Wallis滤波增强后，影像噪声信息也同时得到增强，而采用相位编组对影像进行特征线提取过程中，大部分连续边缘的断裂都是由噪声点或者对比度不均匀引起的，噪声点梯度相位信息相对于其周围点会有所不同，因此产生连续边缘的断裂。

此外，由于噪声引起连续边缘断裂，部分短直线在提取过程中由于小于直线长度阈值被剔除，也会导致连续边缘间断及直线提取数目较少。

6.4 影像匹配的基本算法

影像匹配技术指的是通过在两幅有重叠区域的影像间，根据一定的数学量化度量，寻找相似区域的一个技术流程。可以找到两幅影像之间的共有点位，进行一一对应匹配，为后期的配准、影像拼接、影像融合，提供最基础的数学依据。影像匹配是数字图像处理、计算机视觉、机器视觉等领域的研究热点，作为一种有效的技术手段已被广泛地应用到数字摄影测量、遥感图像分析、视频图像拼接、工业自动化生产、交通图像分析、医疗诊断、视频跟踪与识别（场景分类、物体检测、目标物体的检测与跟踪等）等多个方面。

6.4.1　最小二乘影像匹配算法的实现与研究

最小二乘影像匹配算法的基本原理是将辐射畸变和几何畸变两大影像灰度系统变形参数引入到影像匹配的模型中，按最小二乘原则求解变形参数，利用变形参数在初匹配的匹配结果基础上进一步提高匹配精度。

最小二乘影像匹配算法程序有两个重要的部分：利用误差方程求解变形参数改正数；几何、辐射变形的改正。在这两个部分的程序实现过程中应注意两个关键问题：一是在每次迭代过程中均需进行几何变形改正，即根据几何变形改正参数将左方影像窗口的影像坐标变换至右方影像阵列，其中计算出的坐标有可能超出影像范围，导致程序错误，应利用条件语句加以限制；二是变形参数改正数的解算需要利用上次迭代的改正结果，结果应由原始影像坐标值、像素值与上次迭代计算出的改正参数求得，避免误差累积。

影像匹配算法的评价标准有多种。数字摄影测量学中，由于待匹配影像数据量较大，匹配出的同名点坐标将用于后续的相对定向与绝对定向中，因而对影像匹配速度与精度的要求较高。以初匹配算法为相关系数法的最小二乘影像匹配算法为例，下面将主要从匹配精度和速度两个方面对最小二乘影像匹配性能进行分析，并将其与相关系数法进行比较。

最小二乘影像匹配算法的匹配速度受到很多因素的制约，包括初匹配算法的计算量、待匹配影像的数据量、匹配同名点对数等。其中，可由使用者自行设置的计算窗口的大小对匹配速度影响很大。最小二乘影像匹配算法充分利用了影像窗口内的信息进行平差计算，考虑了辐射畸变与几何畸变两大影像灰度变形参数，使影像匹配可以达到1/10甚至1/100像素的高精度，即影像匹配精度可达到子像素等级。而相关系数法则采用计算窗口相对于待匹配影像不断移动一个像素并计算相关系数，选取相关系数最大的窗口中心位置为匹配点的方法进行影像匹配，匹配点坐标结果以整像素为单位，无法达到子像素级。故而当选取相关系数法为初匹配方法时，最小二乘影像匹配算法的计算量明显大于单独的相关系数法影像匹配，匹配速度相对较慢，但匹配精度有所提高。

最小二乘影像匹配算法虽然具有灵活、可靠、高精度等优点，但仍存在一些待改善的问题。其中，针对该算法计算量较大、匹配速度受限的情况，在不降低匹配精度的基础上，可从待匹配影像等方面入手，减少待匹配位置，进而减少计算量，达到提高算法的匹配速率的目的。例如，对于航空影像的影像匹配，可将核线影像的制作与最小二乘影像匹配结合起来，在条件充足的情况下，先将普通的航空影像转换成核线影像，再根据核线影像的特征进行影像匹配，可在一定程度上提高匹配速度；也可将点特征提取算法与最小二乘影像匹配算法相结合，在提取出两张影像特征点的基础上，对左右影像上的特征点进行影像匹配，忽略非点特征的待匹配位置，进而提高匹配速度。实验证明，使用核线影像进行最小二乘影像匹配和基于点特征提取的最小二乘影像匹配均可提高算法的匹配速度，但仍存在待解决的问题——核线影像的制作需要已知影像的外方位元素等条件，条件获取困难；两张影像上提取出的点特征可能不一致或出现错检漏检，导致影像匹配错误，因此还需根据具体的情况进行进一步的研究。

6.4.2　基于无人机影像的特征匹配算法技术研究

影像匹配技术目前是深度学习里面研究比较热门的内容之一，国内外相关领域的学者进行了大量基础研究，取得了很多显著的应用成果。而当下利用无人机获取的海量影像，以及低空无人机影像本身存在的图像旋转平移、尺度不均匀、光照不一致、视角变化等一系列问题，为影像的特征匹配带来了巨大的挑战。

6.4.2.1　影像匹配技术流程

低空无人机影像匹配，是指在两幅有重叠区域的影像之间，通过对所获取的影像特征、灰度、纹理、角点等信息要素的对应关系，进行相似性程度和一致性分析，最终在两幅影像的共同区域中寻找到相同特征点的流程方法。影像匹配流程主要包括三个方面：特征点提取、特征描述子构建、特征匹配。总而言之，影像匹配是在重叠区域的影像上，利用关联的部分找到两幅影像的关系，为后面的配准、立体建模、测图打下良好的基础。

（1）特征点提取。在影像匹配技术中，研究最为成熟的特征点提取是局部特征点的提取，好的特征点提取方法决定着后面点和点之间一一映射的基础，具有重要的作用。而好的局部特征点应该具有一些优秀的性质，如数量基数要大、重复性好、空间尺度准确、独特的描述优势、运算效率高等。目前比较成熟的特征点提取方法有：Harris角点检测算法、ORB算法、基于深度学习提出的一种学习关键点检测器的方法等。

（2）特征描述子构建。特征描述子的构建，是在特征匹配点结束之后，一定范围内的数学规则描述，使得所产生的描述符具有唯一性。对一个特征点构建好相对应的描述子，就大概率使得特征点在不同影像的表现形式上有了一定的统一，提高了差异的容错性。我国学者提出将影像匹配技术中的描述符主要分4个方面：局部特征空间分布描述符、局部特征空间关联描述符、基于机器学习的局部描述符和扩展局部描述符。

（3）特征匹配。当从所获取的两幅相邻影像中提取点特征、构建其描述子之后，下一步就要在影像的公共区域特征点之间进行匹配，即确定一一对应关系。如何确定一个好方法，既能准确找到两幅之间的关联点，又能花费较少的时间，就是特征匹配研究的重要意义所在。这个匹配过程主要包括4个方面的工作，即搜索策略、相似性度量、约束条件和误匹配剔除。

搜索策略，主要做的工作是在两幅影像各自所有特征描述符中，寻找相似的对应描述符的搜索过程。在影像匹配中经常要用到的方法是K-近邻搜索，在提高搜索速度上也取得了很好的应用效果。搜索策略进行之后，确定对应关系就要采用相似性度量的工作。相似性度量的判断，目前主要分为相关度量和距离度量两个方面。目前随着计算机视觉技术的迅速发展，用到的最为广泛的度量方法是欧式距离和汉明距离。当上面工作进行之后，不可避免地会有大量的错误匹配同名点，这个时候就需要引入约束条件和误匹配剔除的研究。经过一些影像之间内在的几何约束条件的约束，会删除掉大量的错误匹配关系，保留在约束条件下依然存在的同名特征点，这个处理过程提高了特征点的匹配结果精度和准确性，为影像匹配结果的应用奠定了良好的基础。

6.4.2.2　特征匹配方法

无人机影像的匹配过程，通常是在两幅影像的公共搜索空间中进行的，但是受到低空无人机影像之间投影变化、旋转、光照变化、像点位移、几何畸变等的影响，使得需要对应的方法来应对以上各种干扰因素，限制误匹配的现象，提高匹配结果的可靠性。目前主流的匹配方法有分层匹配方法、多基元匹配方法、冗余匹配方法。

（1）分层匹配方法。分层匹配方法中最为经典的方法是基于金字塔影像匹配方法。影像金字塔影像匹配方法，是对原始影像进行分辨率降低的逐级分层，最终可以得到类似金字塔结构的影像序列。在最上层，也就是分辨率最低的顶层进行初始的同名点粗略匹配，会得到初始的几何约束条件关系，其作为下一层的影像匹配的约束条件，这样逐层进行特征点匹配一直到最底层。

这种分层匹配方法的思路不仅可以提高影像特征点之间的匹配速度，而且可以极大地改善匹配点的精度。

（2）多基元匹配方法。对获取的无人机影像数据，进行多种基元匹配的技术方法，称为多基元匹配。对应地，基于灰度的影像匹配方法，指的就是在灰度影像匹配过程中，其匹配基元是影像的灰度信息。而目前主流的匹配方法是基于局部特征的匹配方法，其匹配基元主要包括特征点、特征线、面等。多基元匹配方法的最大优势就是综合考虑各种匹配基元的优缺点，选择合适的规则，综合利用多种匹配基元进行匹配流程的处理，使项目所获取的影像本身所包含的各种特征信息，充分在匹配中得到良好的表现，提高影像匹配结果的可靠性。

（3）冗余匹配。在进行无人机航空摄影测量时，根据航摄规范的规定，一般航向重叠度的要求是60%以上，旁向重叠度的要求是30%以上。但是有时候，由于低空无人机的成像条件的不稳定性，所获期的影像有可能会因存在漏洞、部分区域重叠度过小、云朵阴影遮挡等不利的因素，导致匹配方法有时候失效，匹配结果的可靠性无法满足要求。为了解决匹配过程中存在的此类问题，有研究学者提出了冗余匹配的思路，即利用多幅影像的匹配替代原有的两幅影像的单立体关系匹配。

6.4.3　多匹配策略融合的无人机影像匹配方法

图像匹配在运动目标检测、3D场景重建、遥感技术、图像拼接和分类等领域有着重要作用。特别是在遥感领域，图像匹配现已广泛应用于无人机遥感影像的拼接。但由于无人机平台稳定性差，使得所拍摄的影像存在较大几何变形，从而导致无人机影像匹配效果不佳，匹配难度增大。因此，如何实现无人机影像的特征提取和匹配具有重要的研究意义。

现有的无人机影像匹配方法主要分为两类：基于区域的方法和基于特征的方法。基于特征的方法首先检测影像中的局部不变特征，然后构建特征描述符对特征点进行描述，最后利用特征描述符间的相似性确定其对应关系，实现影像匹配。其中，基于特征的方法对影像几何和光照变化具有较强的鲁棒性和匹配实时性高的特点，成为当前研究的热点。尺度不变特征变换（scale invariant feature transfoem，SIFT）算法是一种稳定的特征匹配算法，它通过高斯滤波构建多尺度空间进行特征检测，这些特征具有旋转和尺度不变性，而且在仿射失真和光照变化的情况下仍具有较强的匹配性能。为了进一步提高算法性能，研究人员提出了一些基于SIFT的改进算法以适用不同的应用场景，例如SURF（speededup robust features）、ASIFT（affine-SIFT）、PCA-SIFT（principal component analysis SIFT）等算法。上述特征检测算法采用高斯滤波构建线性多尺度空间，能够有效抑制噪声，提取多尺度特征，但这会将噪声和图像细节平滑到相同程度，容易造成图像边缘和细节特征丢失，降低特征定位精度和显著性。针对这个问题，KAZE特征匹配算法通过在构造的非线性尺度空间中进行特征检测和描述，能够在抑制噪声的同时保留更多的图像边缘和细节特征，但算法实时性较差。对KAZE算法进行改进后，提出一种加速的KAZE(Accelerated-KAZE，AKAZE)算法，该算法采用快速显示扩散（fast-explicit difusion，FED）替代加性算子分裂（additive operator splitting，AOS），加快了非线性尺度空间构造速度，并利用图像梯度信息生成改进局部差分二进制描述符（modified local difference binary，M-LDB），提高了算法的旋转和尺度不变性。针对传统特征匹配未利用颜色信息的缺点，一种结合AKAZE特征和影像颜色特征的匹配算法，在保持算法精度的同时提升了运算效率。

　　上述局部不变特征检测和匹配方法具有良好的性能，但并未解决AKAZE算法匹配精度低和整体性能不如SIFTS算法的问题。为了解决这些问题，针对AKAZE算法匹配精度低和AKAZE与SIFTS算法结合不具有旋转不变性的问题，有学者提出了一种改进算法，有效地提高了算法的匹配精度。这种改进的AKAZE算法，采用BRISK描述符对特征点进行描述并利用特征点尺度信息和均方根误差进行约束匹配。还有学者利用SIFTS和AKAZE算法的组合提出了一种特征匹配算法，该算法在3D重建中取得较好的效果。

　　改进算法首先利用AKAZE算法提取特征点，然后通过类似SURF的方法确定特征点主方向，并采用Root SIFT描述符替代M–LDB描述符对每个特征点进行描述。具体操作如下：

　　（1）非线性扩散滤波。非线性扩散滤波将在不同尺度下发生的图像亮度变化描述为某个流动函数的散度，它描述了图像亮度随尺度水平的增加而变化的过程，其数学表达式为：

$$\frac{\partial L}{\partial t} = \operatorname{div}\left(c(x,y,t)\cdot\nabla L\right)$$

式中，L为图像亮度；div和Δ分别为散度和梯度函数；T为时间尺度参数，其值越大表示图像越简单；(x,y)为图像坐标；$c(x,y,T)$为传导函数，能使扩散滤波自适应于图像的局部结构。

　　（2）构造非线性尺度空间。AKAZE算法构造的非线性尺度空间共有为O组，每组包含S子层，尺度空间中所有层的分辨率与原始图像相同。通过下式将不同组和子层映射到其相应尺度σ：

$$\sigma_i(o,s) = \sigma_0 2^{o+\frac{s}{S}}, o\in[0,\cdots,O-1], s\in[0,\cdots,S-1], i\in[0,\cdots,N]$$

式中，O和S分别表示不同的组和子层；σ_0为尺度参数初始值；N为非线性滤波图像的总数。

　　由于非线性扩散滤波是以时间T为单位的，因此需要将以像素为单位的σ_i转化为时间参数T_i：

$$T_i = \frac{1}{2}\sigma_i^2, i \in [0, \cdots, n]$$

通过FED算法的迭代求解完成非线性尺度空间的构造：

$$L^{i+1} = \left(I + \tau_j A\left(L^i\right)\right), i = 0, \cdots, n-1$$

式中：I为单位矩阵；L^i表示不同尺度下的图像亮度；$A\left(L^i\right)$为图像传导矩阵；n为迭代次数；τ_j为时间步长，$\tau_j = T_i + 1 + T_j$。

（3）AKZE特征检测。在完成多尺度空间构造后，通过计算每个滤波图像L^i尺度归一化后的Hessian矩阵来检测特征点，下式是Hessian矩阵的计算公式：

$$L_{\text{Hwssian}}^i = \left(\frac{\sigma_i}{2^{\sigma^i}}\right)^2 \left(L_{xx}^i L_{yy}^i - L_{xy}^{i2}\right)$$

式中，L_{xx}^i为二阶横向导数；L_{yy}^i为二阶纵向导数；L_{XY}^{i2}为二阶交叉微分。

将不同尺度空间中每个像素点与同层和相邻层的26个像素的Hessian响应值进行比较，判断该点是否为极值点，并利用二次函数拟合得到特征点精确坐标。

（4）RootSIFT特征描述。采用类似SURF的方式确定特征点主方向。在梯度图像上以特征点为圆心，半径为σ_i的圆形邻域内，对圆内相邻像素点的一阶微分值L_x和L_y进行高斯加权运算。然后将相邻点加权后的微分值作为该点的Hessian响应值，以$\pi/3$的扇形遍历圆形邻域，响应值之和最大时的旋转角度即为特征点主方向。

确定其主方向后，选取以特征点为中心的16×16像素大小的矩形区域，计算区域中每个像素点的梯度幅值，然后把该区域分为4×4的矩形子区域，并对子区域中像素的梯度幅值进行高斯加权，统计每个子区域内的梯度直方图，最终每个特征点均形成一个128维的SIFT特征向量，生成特征向量后对其进行L_2范式归一化，以减少光照变化对匹配结果的影响。由于采用欧氏距离比较SIFT描述符会降低算法的匹配性能，因而用Hellinger距离替代欧氏距离测量SIFT描述符间的相似性，其在多数情况下具有良好的性能，且无须增加处理和存储要求。对于经过L_1范式归一化后的两个特征向量x、y，Hellinger定义：

$$H(\boldsymbol{x}, \boldsymbol{y}) = \sum_{i=1}^{n} \sqrt{x_i y_i}$$

对归一化后的两个SIFT特征向量执行平方根运算来计算Hellinger的距离：

$$d_E \left(\sqrt{x}, \sqrt{y} \right)^2 = 2 - 2H(\boldsymbol{x}, \boldsymbol{y})$$

RooTSIFT和SIFT算法具有相同的特征提取和描述原理。可以通过SIFT描述符与RooTSIFT描述符的转化，使得采用欧式距离比较RooTSIFT描述符等同于采用Hellinger距离比较SIFT描述符。具体转化步骤如下：对SIFT描述符进行L_2范式归一化，如果SIFT描述符为$D_s(d_1, \cdots, d_{128})$，则RooTSIFT描述符$D_{rs}(d_1, \cdots, d_{128})$可表示为：

$$D_{rs} = \sqrt{\frac{D_s(i)}{\sqrt{\sum_{j=1}^{128} D_s(j)}}}$$

6.5　特征匹配

6.5.1　可见光虹膜图像的特征匹配仿真

随着科技技术的不断创新，将虹膜作为身份识别的重要介质，利用激光来扫描虹膜就可以确认对象的身份。现如今虹膜识别已经成为一种较为安全和精准的身份识别方法，可利用图像采集装置来捕捉用户眼睛中的图像，并从中分离出虹膜图像，对其中包含的特征信息进行提取、编码，进而实现虹膜图像特征的匹配。

特征匹配首先需要获取可见光虹膜图像，然后对虹膜图像进行预处理，然后定位虹膜边界，进行图像归一化处理，并对处理后的结果与数据库中的信息进行比对，匹配结果一致则输出匹配结果；反之，回到虹膜边界定位，重新定位。

6.5.1.1　生物虹膜图像采集与处理

虹膜的图像采集需要在人体眼睛的位置进行图像提取，在可见光的影响下，使用精密的仪器设备进行图像采集。图像采集设备采集到的原始图像虽然能够保证一定的清晰度和分辨率，但由于可见光的干扰和人眼的复杂环境，使得采集的图像存在噪声、眼睑、睫毛等因素的干扰，因此需要通过图像预处理对原始图像进行降噪除杂处理。

将采集到的原始虹膜图像进行分割处理，把每一个图像区域映射成一个由像素值a_{ij}来表示的可见光照强度的估计值，完成映射后形成原始虹膜图像的光强估计矩阵。原始虹膜图像的像素矩阵的表示方法为：

$$A = \begin{bmatrix} a_{1,1} & a_{1,2} & \cdots & a_{1,512} \\ a_{2,1} & a_{2,2} & \cdots & a_{2,512} \\ \vdots & \vdots & & \vdots \\ a_{64,1} & a_{64,2} & \cdots & a_{64,512} \end{bmatrix}$$

随原始图像进行映射处理，映射关系为：

$$b_{mn} = \frac{\displaystyle\sum_{i=16\times m-15}^{16\times m} \sum_{j=16\times n-15}^{16\times n} a_{ij}}{16\times 16}, m = 1,\cdots,4;\ \ n = 1,\cdots,34$$

将原始图像矩阵中的每一个像素点经过映射关系，可以得到平均照度矩阵为：

$$B = \begin{bmatrix} b_{1,1} & b_{1,2} & \cdots & b_{1,34} \\ b_{2,1} & b_{2,2} & \cdots & b_{2,34} \\ \vdots & \vdots & & \vdots \\ b_{4,1} & b_{4,2} & \cdots & b_{4,34} \end{bmatrix}$$

对图像的光照估计矩阵进行扩展处理，得到一个与原始虹膜图像尺寸相同的图像，并完成所有行的插值运算得到背景照度图。对可见光均衡化结果中的每一个像素点进行累积分布转换，实现图像增强。累积分布转换函数为：

$$s = F\left(\boldsymbol{I}\right) = \int_0^I p_i\left(x\right)\,\mathrm{d}x$$

式中，$F(\boldsymbol{I})$表示的是图像矩阵$\boldsymbol{I}$的累积分布转换函数；p_i为图像中每一个像素点随机变换的概率值。按照转换函数，对图像矩阵$\boldsymbol{I}$进行变换，得到离散形式的图像增强结果。使用高斯平滑滤波器对增强后的图像进行降噪处理。增强图像$s(i,j)$经过卷积后，输出的图像可以表示为$G(i,j)$。$G(i,j)$的求解过程如下：

$$G\left(i,j\right) = f\left(i,j,\delta\right) * s\left(i,j\right)$$

式中，$f(i,j,\delta)$为高斯平滑函数，滤波后可得到二维矩阵图像数据。

按照眼睑的形状采用曲线霍夫变换公式，对眼睑进行检测。眼睑检测曲线公式可以描述为：

$$\left[\sin\theta\left(x-h\right) + \cos\theta\left(y-k\right)\right]^2 + a\cos\theta\left(x-h\right) = 0$$

其中，a表示的是曲线曲率，(h,k)为曲线顶点的坐标。使用该曲线对眼睑进行检测，对检测结果位置进行去除。

6.5.1.2　虹膜边界定位

将预处理完成的图像$s'(i,j)$，根据下式进行虹膜边界定位。图像的水平方向边缘定位结果为：

$$h(i,j) = s'(i+1,j) - s'(i-1,j)$$

同理，图像的垂直方向边界定位结果为：

$$v(i, j) = s'(i, j+1) - s'(i, j-1)$$

另外，除了水平方向与数值方向之外，虹膜图像上45°与135°方向上的边界定位公式如下：

$$d(i, j) = s'(i \pm 1, j \pm 1) - s'(i \pm 1, j \pm 1)$$

按照上式的边界定位方法便得到虹膜定位。

6.5.1.3　ORB算法提取特征点并匹配

（1）特征点方向分配。以虹膜图像的特征点为中心、r为半径的邻域，将特征点与质心之间的向量作为主方向，对于特征点而言，其在虹膜图像边界内的邻域可以表示为：

$$M_{p,q} = \sum_{(x,y) \in s} x^p y^q s'(x, y)$$

其中，x^p，y^p分别为虹膜图像的上、下边界；$s'(x, y)$为虹膜图像变换函数。特征点及其邻域内的灰度情况可以表示为：

$$\tau = (p, x, y) = \begin{cases} 1, p(x) < p(y) \\ 0, p(x) \geqslant p(y) \end{cases}$$

其中，$p(x)$为特征向量函数；$p(y)$为邻域极值函数。τ结果为1的像素特征点保留其方向，而τ结果为0的像素特征点，其距离最近的邻域特征值的方向即为该特征点的方向。

（2）特征点粗提取。将方向分配完成的像素点集合记为L，按照特征点的方向进行特征粗提取。将方向相同的特征点划分到相同的特征区域中，对虹膜图像中的像素点进行逐层提取，最后依次计算每一个区域内特征点的描述向量dv，得到特征的粗提取结果。

（3）特征点筛选。对特征粗提取结果进行筛选处理，保证特征点的准确性。设置特征点筛选矩阵为：

$$D(x,y) = \begin{bmatrix} d_{v,xx}(x,y) & d_{v,xy}(x,y) \\ d_{v,yx}(x,y) & d_{v,yy}(x,y) \end{bmatrix}$$

在筛选过程中只需要对特征点的位置进行筛选，不需要计算$D(x,y)$的具体特征值。逐行计算特征点并检查其是否符合条件：

$$\frac{\mathrm{tr}(D)^2}{\det(D)} < \frac{(r+1)^2}{r}$$

其中，$\mathrm{tr}(D)$为虹膜图像噪声像素点变换函数；$\det(D)$为虹膜图像中心像素点变换函数。

虹膜特征点粗提取后，可以获得较为混乱的特征点信息，根据最短特征描述子与关键特征点之间的相似程度进行异或和处理，进而判断特征点匹配结果。特征点匹配分为一阶和二阶两个步骤，输入提取的特征点，并对虹膜特征进行编码。计算处理完成的虹膜图像特征点与数据库中基准图像的特征点相似度。得到的相似度作为二维参数输入数据库分类器进行匹配分类，输出可见光虹膜图像的特征匹配结果。

迄今为止，可见光虹膜匹配方法的匹配准确率仍然位居生物特征识别系统首位。但虹膜因位于人眼内部，采集过程中需要用户配合，而且难免会受到眼睑及睫毛的遮挡，不易准确捕获虹膜图像。同时，虹膜图像的采集需要专门的设备，其构造复杂，成本昂贵，一定程度上限制了虹膜图像匹配方法的应用范围。因此，在未来的研究过程中，需要针对该问题进行改进，这也是可见光虹膜图像特征匹配方法未来研究中要解决的主要问题。

6.5.2　改进的ORB特征点匹配算法

图像特征匹配是通过提取图像中的特征点，将两幅前后时间序列上的图像进行相关性计算，得到两幅图像的特征匹配，目前已广泛应用于无人机视觉导航、无人机目标跟踪与识别和同时定位与建图等领域。图像特征匹配主要有两种,分别为块匹配计算方法和点匹配计算方法。其中块匹配计算方法虽然简单高效,但是当图像某部分被遮盖时,会出现匹配点漂移的情况,致使匹配有所偏差;而点匹配计算方法,在无人机运动过程中,对图像的位移较为敏感,并对光照变化、图像噪声、图像畸变和遮挡具有一定的鲁棒性。

6.5.2.1 ORB特征匹配算法原理

ORB算法是将FSAT算法和BRIEF算法相结合并进行改进的算法。

(1)特征点提取。FAST特征提取算法中,当灰度图中存在一像素点邻域内的大部分像素点的灰度值大于或小于该点时,判定该像素点为特征点。在以p点为圆心、半径为3个像素的区域内,比较p点和该点为圆心的圆环上所有点的灰度值的大小:

$$N = \sum_{i=1}^{i=16} \left| I(i) - I(p) \right| > \varepsilon_d$$

其中,N为特征点个数;$I(i)$为第i个点的灰度值;ε_d为设置的灰度阈值;N一般取9。即若存在连续9个点的灰度值变化量超过设定值,则判定p点为特征点。为了方便运算,可先计算p点与圆周上序号为1、5、9、13的特征点之间的差值,当有任意3个特征点大于或小于阈值时,才计算与其他像素点的差值,再采用Harris的方法对其进行排序。ORB算法中采用建立图像金字塔的方法使原FAST特征具有尺度不变性,每层分别提取FAST特征点。又针对FAST特征点不具有方向性的情况,采用灰度质心法,计算特征点邻域内的质心,将特征点与质心之间的矢量的方向定义为特征点的方向,局部图像的几何矩的公式为:

$$m_{pq} = \sum_{x,y} x^p y^q I(x,y)$$

特征点邻域内质心为:

$$C = \left(\frac{m_{10}}{m_{00}}, \frac{m_{01}}{m_{00}} \right)$$

FAST特征点的方向为：

$$\theta = \arctan\left(\frac{m_{01}}{m_{00}} \right) = \arctan\left(\frac{\sum\limits_{x,y} yI(x,y)}{\sum\limits_{x,y} xI(x,y)} \right)$$

r等于特征点的邻域半径，x，$y \in [-r, r]$。

（2）特征点描述。ORB算法中通过BRIEF描述子对提取的特征点进行阐述，BRIEF中采用9×9的高斯算子进行滤波。在31×31的窗口中，生成一对随机点，并以这一对点为中心，取其中5×5的子窗口，比对两个点所在窗口的灰度值，再进行数学运算。运算过程如下：在以提取的特征点为中心的周围随机选择点对（一般取128、256或者512），所有点对都生成一个二进制编码：

$$\tau(p;x,y) = \begin{cases} 1 \text{ if } p(x) < p(y) \\ 0 \text{ otherwise} \end{cases}$$

其中，$p(x)$和$p(y)$表示点对灰度值。选取n个对点(x_i, y_i)生成一个二进制编码，并将n个点对进行比较，作为描述子：

$$f(p) := \sum_{1 \leqslant i \leqslant n} 2^{i-1} \tau(p;x_i, y_i)$$

选择n对点，生成$2n$矩阵：

$$S = \begin{pmatrix} x_1, x_2, \cdots, x_n \\ y_1, y_2, \cdots, y_n \end{pmatrix}$$

利用特征点方向作为变换矩阵R_θ，将矩阵进行变换生成新的矩阵：

$$S_\theta = R_\theta S = \begin{pmatrix} \cos\theta & \sin\theta \\ -\sin\theta & \cos\theta \end{pmatrix} \begin{pmatrix} x_1, x_2, \cdots, x_n \\ y_1, y_2, \cdots, y_n \end{pmatrix}$$

其中，θ为特征点所在坐标系中相对于横轴的夹角。通过上式，可得改进的BRIEF描述子：

$$g_n(p,\theta) := f_n(p)|(x_i,y_i) \in \boldsymbol{S}_\theta$$

其中，n一般为128，256，512，在ORB算法中取256。

（3）特征点匹配。ORB算法中，$D(U_p, U_q)$代表两个可能匹配的特征点之间的汉明距离，U_p是第一幅图像中某一点p的矢量，U_q是第二幅图像中最邻近点q的矢量，距离越小证明两个点越符合匹配条件，采用最近邻法进行判断。如果最近邻点和次近邻点距离的比值小于某一设定值时，则判定这两个点匹配成功。

6.5.2.2　对特征点匹配的改进算法

（1）基于最近邻比率的匹配算法。运用K-最近邻算法，对样本集进行整理，其中K取2，假设U_{q*}是第一幅图像中次近邻点q的矢量，匹配特征点对可表示为p_i（U_p，U_{q*}），其中i=1，2，…，n。n为第二幅图像中的特征点数。

用最近邻距离和次近邻距离的比值作为评价匹配点对质量的标准，假设U_p和U_{q*}的距离是D（U_p，U_{q*}），定义D（U_p，U_q^*）与D（U_p，U_{q*}）的比值是最近邻比率NNDR（nearest neighbor distance ratio）。最近邻比率的计算公式是：

$$NNDR = \frac{D(U_p, U_q)}{D(U_p, U_q^*)}$$

$$U_p = \arg\min\left\{D(U_p, U_i)|U_i \in B\right\}$$

$$U_{q*} = \arg\min\left\{D(U_q, U_j)|U_j \in B\right\}$$

如果NNDR小于设定值，则认为p点匹配q点，否则不匹配。

（2）基于PROSAC算法的误匹配剔除。目前常用的匹配误差剔除算法有

RANSAC算法和PROSAC算法，其中PROSAC算法是在RANSAC算法的基础上改进而来的，而PROSAC算法先整理样本，按质量优劣排序，再从质量高的样本中抽取子集，然后经过多次验证得到最优估计解。

以拍摄视频中两幅时间序列相邻的一组图片作为实验对象，考虑实际情况，在图像中加入旋转变化、光照变化、尺寸变化因素，得到改进算法与原ORB算法的匹配结果。原ORB算法匹配情况较差，改进算法匹配效果比原ORB算法好，无明显误匹配点对。在加入旋转变化、光照变化因素后，原ORB依然存在大量误匹配的情况，改进ORB算法匹配效果良好，说明改进算法对旋转、光照因素具有一定的鲁棒性。

第7章　像片纠正与正射影像技术

本章要介绍的内容是如何对单张航摄像片进行加工处理，利用航摄像片的影像来表示地物的形状和平面位置，这就涉及像片纠正与正射影像图的有关概念。

7.1　像片纠正的概念与分类

像片平面图或正射影像图是地图的一种形式，是用相当于正射投影的航摄像片上的影像来表示地物的形状和平面位置。在像片水平且地面水平的情况下，该航摄像片就是正射投影的像片，相当于该地面比例尺为 $1:M(=f/H)$ 的平面图或正射影像图。但实际上，由于航空摄影时不能保持像片的严格水平，而且地面也不可能是水平面，致使中心投影航摄像片上的影像由于像片倾斜和地形起伏而产生像点位移，使影像的构形产生位移与变形且比例尺不一致。因此，不能简单地用原始航摄像片上的影像表示地物的形状和平面位置。

若对原始的航摄像片进行处理，即用某些光学投影的仪器进行投影变换，使变换后得到的影像相当于摄影仪物镜光轴在铅垂位置时（$\alpha=0°$）摄取的水平像片，同时改化至图比例尺；或应用计算机按相应的数学关系式进行解算，从原始非正射的数字影像获取数字正射影像，这些作业过程均称为像片纠正。

像片纠正方法可以分为以下几种：

（1）光学机械纠正。

以单张像片作为纠正单元，根据透视变换原理进行像片纠正。使用的常用仪器为纠正仪。

适用于平坦地区及地形起伏较小的丘陵地区。

（2）光学微分纠正（正射投影技术）。

光学微分纠正是利用光学投影类的正射投影装置对像片影像逐个纠正单元进行扫描成像的微分纠正。

光学微分纠正的纠正单元是呈线状的小块面积，即使用一个一定长度的缝隙，因为缝隙的宽度极小，因此也称为缝隙纠正。

适用于地形起伏地区与山地制作正射影像图。

（3）数字（微分）纠正。

以像元（像素）为纠正单元。利用计算机对数字影像通过图像变换来完成像片纠正，属于高精度的逐点纠正。

不仅适用于航片，还适用于遥感图像的纠正。

7.2　数字影像纠正的基本原理

7.2.1　数字正射影像

7.2.1.1　数字正射影像的概念及其特点

数字正射影像（Digital Orthophoto Map，DOM）是基于数字高程模型对通过扫描得到的数字化航拍像片或遥感影像，将每个像元经过投影进行数字微分纠正，再对影像进行拼接，最后将得到的影像范围经过裁剪生成的数字正射影像及相关数据。它是以遥感影像为基础，运用地图特征点，并同时具有地图几何精度和影像特征的图像。数字正射影像具有如下几方面特点：

（1）数字正射影像具有巨大的且相比较于数字矢量地形图及数字地形模型所不能及的信息库。数字正射影像的细节展示清晰，相较于其他影像，可以随着逐级放大提取出来愈来愈多的信息，以至于可以应用于更为广泛的领域。

（2）数字正射影像根据未处理的基础影像经过规范的纠正处理，所依据的比例尺和相对地面点位置较为准确，出图精确，能很好地实现使用者的各种需求。

（3）实时更新，操作快捷。利用先进的无人机传感器可以更快速、更便捷地更新所需要的实时地理信息。

（4）数字正射影像图简单易读，使得无人机正射影像的相关研究变得简单，也能更好地普及推广。

7.2.1.2　数字影像产生形变的因素

数字影像正射纠正过程中容易产生形变，会破坏本来地物成像基本信息，原始影像会变得扭曲、歪斜或模糊不清，有时影像变形会使地面点位的几何特征发生变化，也改变了地面点位之间彼此的相对位置，同时还会妨碍研究者对图像的解译，影响遥感处理中对地物所进行的分类和量化。从影像处理的角度看，将影像中发生畸变的地区消除变形的确存在一定难度。因此，在影像处理过程中，为了获取符合高精度的影像产品，对潜在形变存在的区块影像进行复原已经成为一项不可缺少的工序。

（1）物镜畸变差产生的形变。

物镜畸变差是由于无人机的物镜近轴与远轴光圈的放大率存在很大差别，也就是说它的出射角与入射角值不相等，而使影像产生的变形。由无人机物镜畸变所造成的形变通过径向畸变差改正式（7-2-1）可以做到尽可能地校准改正：

$$\Delta r^1 = k_1^1 r + k_2^1 r^3 + k_3^1 r^5 + \cdots + k_n^1 r^{2n-1} + \cdots \tag{7-2-1}$$

其中，k 是经由厂家检查物镜后提供的数值。在数字影像正射纠正中，根据式（7-2-1）可以将实验所测得的原始像点坐标进行一一纠正。

（2）大气折光差产生的形变。

当无人机航摄光线穿过大气时，由于大气折射率会随着高程的变化而改变，大气折光会使影像产生变形，大气折光差产生的形变如下：

$$\Delta r = f\left(1 + r^2/f^2\right)\gamma_f \tag{7-2-2}$$

航测点位坐标按式（7-2-2）计算可以进行纠正。

（3）地球曲率产生的形变。

由于大地的水准面与无人机航拍到的基准面是不在一个平面上的，因此，地球曲率会对影像产生形变，地面点位坐标在拍摄影像上所显示的与实际真实的坐标数值一定会产生变形误差，其产生的像点位移为：

$$\Delta r = -Hr^3\big/2f^2R$$

式中，H 是无人机飞行高度；f 是无人机相机焦距；R 是大地曲率半径；r 是径矢，即影像上原点到航摄点位之间的矢量距离。

（4）软件产生的形变。

获得完整的数字正射影像主要有两种方法：一是未经处理的单张无人机航摄影像，利用数字微分纠正的原理，基于多种数学模型利用控制点进行纠正，即单片纠正；二是针对具有一定航向重叠度的相邻影像，通过影像匹配的方法构建三维模型，应用无人机遥感航摄系统对三维模型进行解算，最后基于数字微分纠正反解模型获得所需要的正射影像。

①数字影像匹配产生的形变。数字影像匹配的实质是在一组或多组航摄像片中找到具有相同地面信息的同名点，因此也称影像相关。数字影像匹配的目的是提取像片在地面上的地理位置信息，并标定像点对应的空间坐标，因此可以获得数字高程模型。现今主流的数字摄影测量软件大多是基于特征点的影像匹配模型，理论上输出精度可高达1/100像素，进而可以得到高精度、高质量的数字高程模型。然而对于地势陡峭、起伏较大的地域，由于其地面相邻像点坐标高程相差较大，在匹配过程中软件很难在相邻两张影像上同时匹配原本应该相同的特征线，因此容易造成匹配混乱，发生形变。

②内插型数字高程模型产生的形变。数字高程模型（DEM）是利用一组阵列形式经过排序的数据去生成地面点高程的一种实际的地面模型，它通过立体向量有限序列的模式来展现航摄范围内的影像的原始形态。在遥感系统中，基于数字影像匹配模型并按合适的选点间隔，进行数字高程模型影像的获取。为了获取规则格网的数字高程模型，最优路径就是采用内插数字高程模型的方式。

数字高程模型的精度主要取决于数码相机航拍间隔和地势情况，航拍间隔越大，数字高程模型的误差就越大，无法得到高精度的数字高程模型。另外，在高差极大的特殊地形区域进行数字高程模型内插时，内插点高程会出现混乱错误。

7.2.2 影像正射纠正的原理

影像正射纠正的方法目前研究出来的有很多，但将所有方法汇总，基本上可以概括为两种，即严格物理模型和通用经验模型。严格物理模型主要的代表算法就是最常规的共线方程法，然而有时候需要获取更高精度的纠正影像，则一定要利用无人机航拍传感器的基本参数；通用经验模型应用较为多样化，这种方法需要利用大量的控制点坐标来获取正射影像。显而易见，正射纠正的精度就极容易被地势起伏过大或控制点质量影响，所以只能用于特定情况。

如今最传统的影像正射纠正方法是根据立体像对模型的正射纠正方法，然而通过无人机获取立体像对的方式很难，而且所需要满足的合适条件不易获得，因此，本节通过详细论述几种正射纠正常用方法的基本原理，可以很清晰地了解这些方法各自的优缺点及每个方法对应不同情况的兼容性。

7.2.2.1 共线方程式

如图7-1所示，点 S 是无人机拍摄的中心点位，坐标 (X_S, Y_S, Z_S) 是在无人机拍摄区设定的坐标系的物方空间，设 A 为点 S 所在的空间点，所对应的物方空间坐标设为 (X_A, Y_A, Z_A)。a 为 A 在影像上的构像，相应的像空间坐标和像空间辅助坐标分别为 $(x, y, -f)$ 和 (X, Y, Z)。摄影时 S，A，a 三点位于一条直线上，那么像点的像空间辅助坐标与物方点物方空间坐标之间的关系如下：

$$\frac{X}{X_A - X_S} = \frac{Y}{Y_A - Y_S} = \frac{Z}{Z_A - Z_S} = \frac{1}{\lambda}$$

则

$$X = \frac{1}{\lambda}(X_A - X_S), \quad Y = \frac{1}{\lambda}(Y_A - Y_S), \quad Z = \frac{1}{\lambda}(Z_A - Z_S) \tag{7-2-3}$$

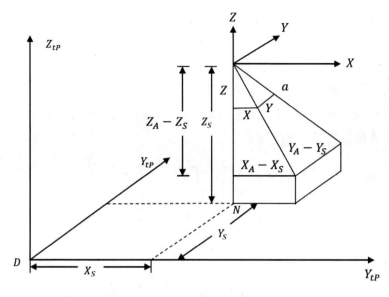

图7-1　共线方程

由式（7-2-3）可知，像空间坐标与像空间辅助坐标之间的关系为：

$$\begin{bmatrix} x \\ y \\ -f \end{bmatrix} = \begin{bmatrix} a_1 & b_1 & c_1 \\ a_2 & b_2 & c_2 \\ a_3 & b_3 & c_3 \end{bmatrix} \begin{bmatrix} X \\ Y \\ Z \end{bmatrix}$$

将上式展开可得：

$$\frac{x}{-f} = \frac{a_1 X + b_1 Y + c_1 Z}{a_3 X + b_3 Y + c_3 Z} \qquad （7-2-4）$$

$$\frac{y}{-f} = \frac{a_2 X + b_2 Y + c_2 Z}{a_3 X + b_3 Y + c_3 Z} \qquad （7-2-5）$$

再将式（7-2-4）代入上式中，利用主像点的坐标 x_0，y_0，得到的方程式为：

$$\begin{cases} x - x_0 = -f \dfrac{a_1 X_A - X_S + b_1 Y_A - Y_S + c_1 (Z_A - Z_S)}{a_3 X_A - X_S + b_3 Y_A - Y_S + c_3 (Z_A - Z_S)} \\[4mm] y - y_0 = -f \dfrac{a_2 X_A - X_S + b_2 Y_A - Y_S + c_2 (Z_A - Z_S)}{a_3 X_A - X_S + b_3 Y_A - Y_S + c_3 (Z_A - Z_S)} \end{cases} \qquad （7-2-6）$$

式（7-2-6）就是我们常见的基础共线条件方程式。

式中，x，y 为像点的像平面坐标；x_0，y_0，f 为影像的内方位元素；X_S，Y_S，Z_S 为摄站点的物方空间坐标；a_i，b_i，c_i $(i=1,2,3)$ 为像片中三个外方位角元素组成的九个方向余弦。

根据式（7-2-4）和式（7-2-5）可以推导出共线方程模型的第二种模型，也称反演公式，方程如下：

$$\begin{bmatrix} X_A - X_S \\ Y_A - Y_S \\ Z_A - Z_S \end{bmatrix} = \lambda \begin{bmatrix} X \\ Y \\ Z \end{bmatrix} = \lambda R \begin{bmatrix} x \\ y \\ -f \end{bmatrix}$$

则有

$$\begin{bmatrix} X_A \\ Y_A \\ Z_A \end{bmatrix} = \lambda \begin{bmatrix} a_1 & b_1 & c_1 \\ a_2 & b_2 & c_2 \\ a_3 & b_3 & c_3 \end{bmatrix} \begin{bmatrix} x \\ y \\ -f \end{bmatrix} + \begin{bmatrix} X_S \\ Y_S \\ Z_S \end{bmatrix}$$

如今开发的用于商业航测的软件中，主要都是以共线方程法为软件原理以达到对无人机各类影像进行高精度纠正的目的。由于共线方程法具有稳定兼容的特点，所以它可以广泛应用于不同分辨率的数字像片正射纠正中，并且都能得到较为稳定的结果。对此，根据不同的情况研究总结出了不同模型，例如合并相关项法、阻尼最小二乘法、岭估计法及中心标准化方法等模型。然而这些模型在普遍遥感影像的地形情况下兼容性不强，在众多实验中得到的效果差强人意，所以还需要之后更加深入的研究，获得可以高精度完成正射纠正的模型。

7.2.2.2　反解法数字微分纠正

（1）计算地面点坐标。

随意找到在正射投影上的一点 P，将其对应的坐标值假设为 (X',Y')，同时假设正射影左下处的图廓点的坐标为 (X_0,Y_0)，以及假设其比例尺为 $1:M$，根据这些假设，从而进一步确定地面点的坐标为 (X,Y)：

$$\begin{cases} X = X_0 + M \cdot X' \\ Y = Y_0 + M \cdot Y' \end{cases}$$

（2）计算像点坐标。

使用反解公式来进行计算，并将其运用到求解图像上的像点坐标 $P(x, y)$。在进行航空环境下拍摄的时候，可以将反解公式直接当成共线方程（7-2-6），在公式中，Z_A 表示的是 P 点所在的高程，主要是通过在DEM中进行内插法计算得到的。

然而值得关注的一点是，对于原始的数字影像的计量方式是以行和列的方式进行的。所以说，应当合理地处理好影像坐标和扫描坐标二者之间的关联，根据其关系进行计算，进而求得像元素的坐标。当然，也可以利用 X，Y，Z 三个未知数来进行直接求解。

$$\lambda_0 \begin{bmatrix} x - x_0 \\ y - y_0 \\ -f \end{bmatrix} = \begin{bmatrix} a_1 & b_1 & c_1 \\ a_2 & b_2 & c_2 \\ a_3 & b_3 & c_3 \end{bmatrix} \begin{bmatrix} X - X_S \\ Y - Y_S \\ Z - Z_S \end{bmatrix} = \lambda \begin{bmatrix} m_1 & m_2 & 0 \\ n_1 & n_2 & 0 \\ 0 & 0 & 1 \end{bmatrix} \begin{bmatrix} I - I_0 \\ J - J_0 \\ -f \end{bmatrix}$$

$$\lambda \begin{bmatrix} I - I_0 \\ J - J_0 \\ -f \end{bmatrix} = \begin{bmatrix} m_1' & m_2' & 0 \\ n_1' & n_2' & 0 \\ 0 & 0 & 1 \end{bmatrix} \begin{bmatrix} a_1 & b_1 & c_1 \\ a_2 & b_2 & c_2 \\ a_3 & b_3 & c_3 \end{bmatrix} \begin{bmatrix} X - X_S \\ Y - Y_S \\ Z - Z_S \end{bmatrix}$$

式中，a_1，a_2，$\cdots$，c_3 为旋转矩阵元素；X_S，Y_S，Z_S 为摄站坐标；m_1'，m_2'，n_1'，n_2' 为内定向变换系数；I_0，J_0 为主点扫描坐标。

简化整理得：

$$\begin{cases} I = \dfrac{L_1 X + L_2 Y + L_3 Z + L_4}{L_9 X + L_{10} Y + L_{11} Z + 1} \\[4mm] J = \dfrac{L_5 X + L_6 Y + L_7 Z + L_8}{L_9 X + L_{10} Y + L_{11} Z + 1} \end{cases} \qquad (7\text{-}2\text{-}7)$$

其中，系数 L_1，L_2，$\cdots$，L_{11} 为 m_1'，m_2'，n_1'，n_2'，I_0，J_0，a_1，a_2，$\cdots$，c_3 以及 X_S，Y_S，Z_S 的函数。

$$L_1 = \left(a_3 I_0 - f m_1' a_1 - f m_2' a_2 \right) / L$$

$$L_2 = \left(b_3 I_0 - f m_1' b_1 - f m_2' b_2 \right) / L$$

$$L_3 = \left(c_3 I_0 - f m_1' c_1 - f m_2' c_2 \right) / L$$

$$L_4 = I_0 + f \left[\left(m_1' a_1 + m_2' a_2 \right) X_S + \left(m_1' b_1 + m_2' b_2 \right) Y_S + \left(m_1' c_1 + m_2' c_2 \right) Z_S \right] / L$$

$$L_5 = \left(a_3 J_0 - f n_1' a_1 - f n_2' a_2 \right) / L$$

$$L_6 = \left(b_3 J_0 - f n_1' b_1 - f n_2' b_2 \right) / L$$

$$L_7 = \left(c_3 J_0 - f n_1' c_1 - f n_2' c_2 \right) / L$$

$$L_8 = I_0 + f \left[\left(n_1' a_1 + n_2' a_2 \right) X_S + \left(n_1' b_1 + n_2' b_2 \right) Y_S + \left(n_1' c_1 + n_2' c_2 \right) Z_S \right] / L$$

$$L_9 = a_3 / L$$

$$L_{10} = b_3 / L$$

$$L_{11} = c_3 / L$$

$$L = -\left(a_3 X_S + b_3 Y_S + c_3 Z_S \right)$$

根据式（7-2-7），即可以利用 X，Y，Z 直接进行计算，从而得到数字化影像中各个像元素的坐标。

（3）灰度内插。

因为通过计算得到的像点坐标可能不会全部都处于像元素的中心范围内，所以一定要利用灰度内插的算法。通常情况下，这种算法主要是借助双线性内插算进行计算的，最后解算得到像点 p 中灰度值 $g(x,y)$。

（4）灰度赋值。

最后一步进行的是灰度赋值的计算，主要是将其赋值给纠正以后的像元素 P，即

$$G(X,Y) = g(x,y)$$

按照一定的顺序依次对所有元素按照上面步骤进行计算，最后就能够得到纠正之后的影像，这就是反解算法的基本原理及运算的步骤。所以说，从理论上看，数字纠正实际上属于点元素的纠正过程，如图7-2所示。

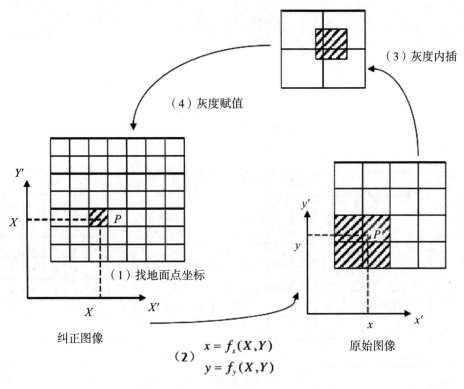

图7-2　反解法数字纠正

7.2.2.3　正解法数字微分纠正

图7-3实际上是从基础影像中开始的，根据上面的每一个像元素按照正解算法进行进一步的计算，从而得到最终的像点坐标。对于这个计算方法，还有一个明显的问题，就是在已经改正后的影像上面，得到的像点都是乱序

排列的，在一些像元素里面很有可能会出现空白点，在一点位置甚至会出现多个像点。

除此之外，在数字摄影测量的情况下，其计算公式为：

$$
\begin{cases}
X = Z\dfrac{a_1 x + a_2 y - a_3 f}{c_1 x + c_2 y - c_3 f} \\
Y = Z\dfrac{b_1 x + b_2 y - b_3 f}{c_1 x + c_2 y - c_3 f}
\end{cases}
\tag{7-2-8}
$$

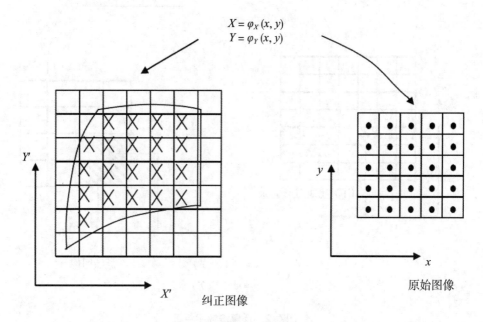

图7-3　正解法数字纠正

借助式（7-2-8），一定要提前获取数据 Z，然而　是表达待定数据 X，Y 的函数，所以，利用 x，y 解算 X，Y 时一定要提前设一个假定近似值 Z_0，计算出 (X_1, Y_1) 的数据，就可以借助数字高程模型内插计算出这个点坐标 (X_1, Y_1) 的高程坐标 Z_1；接着利用正算式（7-2-8）可以计算出 (X_2, Y_2)，不断重复以上方法，如图7-4所示。

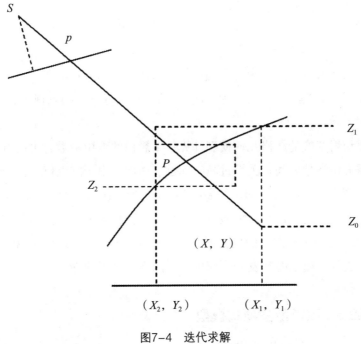

图7-4　迭代求解

7.2.2.4　基于仿射变换的严格几何模型

如今，高分辨率的数字影像用于科研与生产逐渐变成无人机遥感科研方向最重要的焦点，针对高分辨率数字影像的处理方法，也研究出了各种新型无人机方面的技术。最普遍、最常用的方法是基于仿射变换的传感器模型以及有理函数模型。

高分辨率新型卫星传感器的最明显的特点，就是它具有更长的焦距和更窄的视场，若选用共线方程模型来描述影像正射纠正后成像的坐标关系，会大大降低影像正射纠正数据的精度，而选用仿射变换的严格几何模型则相对地会得到比较满意的效果。二维仿射变换成像模型如下：

$$x = A_1X + A_2Y + A_3Z + A_4$$

$$\frac{1+\left(\bar{Z}-Z\right)/\left(\bar{Z}\cos\omega\right)}{1-y\tan\omega/f}y = A_5X + A_6Y + A_7Z + A_8$$

其中，x，y 为所测点在像片上的坐标；X，Y，Z 为测点在相应地面上的坐标；f 是相机焦距；ω 是传感器根据无人机飞行方向的侧视角；$A_1 \sim A_8$ 为待求解系数。

基于仿射变换的严格几何模型计算数字影像的方位参数，可以有效解决数字影像方位参数之间相关性过高的问题。然而，由于它仅仅针对地形范围较小、对精度需求不高的10m分辨率的数字影像情况下才可以合理应用，所以基于仿射变换的严格几何模型只可以当成一种较为近似的模型。如果无人机航拍测区范围比较大，而且需要满足更高精度分辨率的无人机数字影像，必须进行更深入精细的开发并研究更合适的方法进行处理。

7.2.2.5　改进型多项式模型

改进型多项式模型的基本原理是跳过成图的坐标转换，而直接针对数字像片的形变进行一系列的模拟转换。将数字影像的形变归纳为总体影像形变的平移、扭曲等，常见的改进型多项式模型为

$$\begin{cases} x = \sum_{i=0}^{m}\sum_{j=0}^{n}\sum_{k=0}^{p} a_{ijk}X^iY^jZ^k \\ y = \sum_{i=0}^{m}\sum_{j=0}^{n}\sum_{k=0}^{p} b_{ijk}X^iY^jZ^k \end{cases}$$

其中，x，y 为像点坐标；X，Y，Z 为地面点坐标；a_{ijk} 和 b_{ijk} 为待求解的多项式系数。

虽然改进型多项式模型对于不同型号的传感器模型分别有各自的相关性，但它可以不受各种传感器型号的限制与约束。利用改进型多项式模型对影像正射纠正，成图的精度会受到测区布设控制点的位置、个数、质量情况与相邻点高差大小的限制。

7.2.2.6　有理函数模型

有理函数模型（Rational Function Model，RFM）是近年来才研发出来的新型纠正方法，在IKONOS卫星发射成功之后，关于有理函数模型用于正射纠正也得到了相关机构的高度重视。有理函数模型可以无视内外方位元素，直接构设所测像点与地面三维坐标之间的联系，有效跳过正射纠正需要的坐标转换。

有理函数模型见式（7-2-9），把像点坐标(r,c)转换为对应地面点的三维坐标，(X,Y,Z)是自变量的多项式的比值：

$$
\begin{cases}
r_n = \dfrac{P_1(X_n,Y_n,Z_n)}{P_2(X_n,Y_n,Z_n)} \\
c_n = \dfrac{P_3(X_n,Y_n,Z_n)}{P_4(X_n,Y_n,Z_n)}
\end{cases}
\tag{7-2-9}
$$

式中，(r_n,c_n)表示像素坐标(r,c)；(X_n,Y_n,Z_n)表示地面点坐标(X,Y,Z)经过平移和缩放后的标准化坐标。多项式中每个坐标分量X，Y，Z的幂指数最大不超过3，各个地面坐标分量的幂加起来也不可以超过3，见式（7-2-10）：

$$
\begin{aligned}
P &= \sum_{i=0}^{m_1}\sum_{j=0}^{m_2}\sum_{k=0}^{m_3} a_{ijk} X^i Y^j Z^k \\
&= a_0 + a_1 Z + a_2 Y + a_3 X + a_4 ZY + \\
&\quad a_5 ZX + a_6 YX + a_7 Z^2 + a_8 Y^2 + a_9 X^2 + a_{10} ZYX + a_{11} Z^2 Y + a_{12} Z^2 X + \\
&\quad a_{13} ZY^2 + a_{14} Y^2 X + a_{15} ZX^2 + a_{16} YX^2 + a_{17} Z^3 + a_{18} Y^3 + a_{19} X^3
\end{aligned}
\tag{7-2-10}
$$

其中，a_{ijk}是待求解的多项式系数。

有理函数模型拥有许多优点，简述如下：

（1）由于有理函数模型中等式的右侧皆为有理函数，所以有理函数模型相对于其他正射纠正方法所解算出的精度更高。另外，多项式模型次数过高或地势起伏过大时容易产生振荡，而有理函数模型能有效解决这一问题。

（2）其他正射纠正方法在像点坐标中还需要加入相应的改正参数才可以

使正射纠正精度有效变高，然而在有理函数模型中，因为模型中的系数自己就涵盖了附加的改正参数，因此极大限度地提高了正射纠正处理的效率。

（3）有理函数模型是完全独立于摄影平台和传感器的，这是有理函数模型最突出的特性，这表示选用有理函数模型纠正变形时，既不用获得摄影平台和传感器的坐标参数及相关数据，也无须了解航摄时所需要的相关参数。

相对地，有理函数模型也有缺点，如下所述：

（1）有理函数模型不可以为无人机像片的部分区域形变研发相应算法。

（2）遇到特殊条件时，在计算模型中很大概率会遇到分母过小以及接近于零的情况，这严重影响了算法的稳定性。

（3）有理多项式系数之间有可能存在相关性，会降低模型的稳定性。

（4）当航摄影像的区域很大或者出现常见的像片形变时，就不能满足纠正高精度的要求。

7.3　真正射影像的概念及制作原理

7.3.1　真正射影像制作工作流程

7.3.1.1　运动恢复结构算法

运动恢复结构（Structure from Motion，SfM）能够将相同特征点进行两两匹配，从二维影像恢复三维空间中相机曝光的位置。在进行获取图像序列时，针对同一物体，使用单一相机从不同位置进行多视角拍摄来恢复图像的立体结构。每幅图像在空间中都有所对应的位置，图像空间位置的获取可通过SfM来实现，且SfM也可以获取每幅图像的稀疏点云。获取每幅图像的空间位置及稀疏点云是获取稠密点云的必要条件。

运动恢复结构可以实现场景的重建，对于当前的重建结构，此算法可以实现新图像的连续输入，并对当前的重建结构进行同步更新，以此实现场景重建。图7-5所示为SfM的流程示意图，首先选取图像的特征点，在完成特征点匹配之后输入图像的序列信息。此处需要强调的是，特征点的匹配结果对场景重现的精度影响较大，同时也会直接影像点云的稠密程度。其次是重建二视图，实现方法主要是先找出空间点在图像上与之相对应的图像点，多幅图像应有多个对应点，以此来筛选彼此存在交叉重叠的图像，根据图像之间的交叉重叠情况来判断每幅图像。再次，设此幅图像的状态为初始重建状态，在当前的重建结构中连续地进行图像输入，主要实现方法是图像配准和三角化。最后，对重建结果进行优化。在整个过程中，会进行连续的图像输入，而图像输入的速度与图像迭代的速度之间可能存在差异，多图像输入速度小于图像迭代的速度，则场景重建过程是顺利的，若图像输入的速度大于图像迭代的速度，那么可能会造成图像的积累，图像的积累对场景重建结果的影响较大，会使重建结果偏移失真。因此，要优化相机的各个参数及立体点的坐标来避免图像的积累所带来的误差，主要方法是光束法平差。

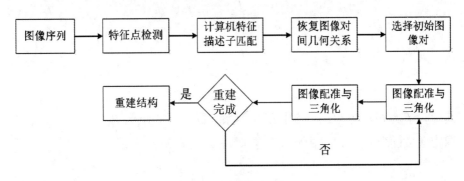

图7-5　SfM算法流程

（1）相机模型。

常见的理论上的相机模型中，针孔模型是其中一种，它实现了二维点坐标到三维坐标的转换。定义针孔相机的光心为 O，针孔相机模型如图7-6所示。设一条直线垂直于成像平面，且经过点 O，L 为影像所在平面，P 为空间一点，p 为通过 O 的 P 在 L 上投影。

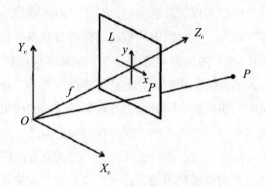

图7-6 针孔相机模型示意图

世界坐标系描述了真实情况下各个地物的坐标。世界坐标系为三维坐标系统，在对物体进行坐标描述时，无固定的基准点，而是利用任意基准。其坐标形式表示为 $P_W(X_W, Y_W, Z_W)$。

假设 $P_W(X_W, Y_W, Z_W)$ 为空间中的任意一点，P 为空间中一点，p 为通过 O 的 P 在 L 上投影，两点满足如下几何关系：

$$\frac{x}{X_C} = \frac{f}{Z_C} \quad\quad (7-3-1)$$

$$\frac{y}{Y_C} = \frac{f}{Z_C} \quad\quad (7-3-2)$$

其中，f 为相机焦距；P 在相机坐标系下的坐标表示为 $P_C(X_C, Y_C, Z_C)$，图像物理坐标为 $p(x, y)$。由式（7-3-1）和式（7-3-2）可得

$$Z_C = \begin{bmatrix} x \\ y \\ 1 \end{bmatrix} \begin{bmatrix} f & 0 & 0 & 0 \\ 0 & f & 0 & 0 \\ 0 & 0 & 1 & 0 \end{bmatrix} \begin{bmatrix} x_c \\ y_c \\ z_c \\ 1 \end{bmatrix} \quad\quad (7-3-3)$$

由于图像物理坐标系被更广泛地应用，所以要进行相机坐标系与图像物理坐标系的转换。设主点的坐标为 (u_0, v_0)，d_x，d_y 分别为坐标轴上对应的坐标长度，(u, v) 是影像中坐标，(x, y) 为现实世界坐标，得到

$$u = \frac{x}{d_x} + u_0$$

$$v = \frac{y}{d_y} + v_0$$

获得相机坐标与影像像素的推导公式如下：

$$Z_C = \begin{bmatrix} u \\ v \\ 1 \end{bmatrix} \begin{bmatrix} \dfrac{1}{d_x} & 0 & u_0 \\ 0 & \dfrac{1}{d_y} & v_0 \\ 0 & 0 & 1 \end{bmatrix} \begin{bmatrix} f & 0 & 0 & 0 \\ 0 & f & 0 & 0 \\ 0 & 0 & 1 & 0 \end{bmatrix} \begin{bmatrix} x_c \\ y_c \\ z_c \\ 1 \end{bmatrix}$$

最终可得世界坐标系与图像像素坐标系之间的变换关系如下：

$$Z_C = \begin{bmatrix} u \\ v \\ 1 \end{bmatrix} \begin{bmatrix} \dfrac{1}{d_x} & 0 & u_0 \\ 0 & \dfrac{1}{d_y} & v_0 \\ 0 & 0 & 1 \end{bmatrix} \begin{bmatrix} f & 0 & 0 & 0 \\ 0 & f & 0 & 0 \\ 0 & 0 & 1 & 0 \end{bmatrix} \begin{bmatrix} R & T \\ 0^T & 1 \end{bmatrix} \begin{bmatrix} X_W \\ Y_W \\ Z_W \\ 1 \end{bmatrix}$$

每个相机都有其固定的内部参数，且相机内部参数的值是与图像之间没有关系的。有些相机的内部参数可以直接进行查询，或者相机供应商会通过其他方式提供给用户，不管相机的内部参数是否被掌握，我们都可以通过相机标定的方式来得到相机的内部参数。

相机的外部参数在不断地变化着，当相机方位改变时，相机的外部参数也会发生改变。

获取相机的外部参数是恢复图像三维空间信息过程中尤为重要的一步，在对图像的三维空间信息进行恢复的过程中，需要估算图像的位置，这也是获取相机外部参数的过程。相机的外部参数分别为 R，t。

$$Z_C \begin{bmatrix} u \\ v \\ 1 \end{bmatrix} = K \begin{bmatrix} R & T \\ 0^{\mathrm{T}} & 1 \end{bmatrix} \begin{bmatrix} X_W \\ Y_W \\ Z_W \\ 1 \end{bmatrix}$$

（2）基础矩阵与本质矩阵。

当使用两个相机（与相机的参数无关）对同一点进行影像收集时，两相机之间属于对极几何关系，如图7-7所示，点 C 为其中一个相机的中心，点 C' 为另外一个相机的中心，连接 C ，C' ，这条连接线被称为基线（Base Line）。设 M 为空间中任意一点，则点 M 在成像平面上分别有对应点，设为 m ，m' ，连接点 C ，C' ，M 形成一个平面，这个平面称为极平面（Epipolar Plane）。

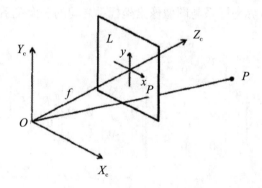

图7-7　对极几何示意图

如果只使用一个相机进行图像的拍摄采集，那么空间中的一个投影点是不能确定地物点的三维位置坐标的。若用两个相机进行拍摄，此时就存在两个投影点，两个投影点之间所对应的垂直射线相交的位置即为地物点的空间位置，同时也可以确定地物点的三维空间坐标。

（3）特征检测与匹配。

在进行场景重建之前，需要进行特征检测与匹配。通常来说，有效的特征点是符合相关要求的，可以选择出来，即具有重复性、显著性、紧凑性及局部性的特征点被认为是首选的特征点。

若同一个特征点能够存在于不同的图像中，那么该特征点具有重复性；如果能够很明显地判断一个点与其他点之间存在不同，那么，这个点具有显著性的特征；如果一个点的特征数量远少于像素点，那么这个点具有紧凑性的特征；如果根据一个点的特征只能对局部区域进行描述，那么这个点具有局部性的特征。

在SfM中，SIFT描述子是被广泛应用的，因为它是典型的特征点。作为区域描述子，SIFT具备尺度不变性和旋转不变性的特点，特征描述能力和稳定性极强。当需要获取特征点的位置信息的时候，需要先获得每个特征点的主方向。描述子具有强大的功能，无论在什么样的情况下，都可以对地物的特征区域进行匹配。对应筛选之后的匹配点还可能存在一些问题，例如匹配错误，若特征点进行了错误的匹配，那么对基础矩阵的精度会产生一定的影响。此种问题可以通过随机抽样一致性算法来消除。

（4）相机位姿恢复。

本质矩阵是很好的方法，可以用来解算相机对在空间中各自的位置，以此来恢复二视图几何。假设两个相机中，一个相机的中心被定义为坐标系中心，则另一个相机的旋转矩阵、平移矩阵为R，t。C_a，C_b为相机坐标，E是本质矩阵。C_a、C_b、E满足下式：

$$C_b^{\mathrm{T}}[t]_x RC_a = 0$$

$$[t]_x = \begin{bmatrix} 0 & -t_3 & t_2 \\ t_3 & 0 & -t_1 \\ -t_2 & t_1 & 0 \end{bmatrix}$$

$$E = [t]_x R$$

其中，t_i为t第i列的元素。对本质矩阵E做奇异值分解得

$$E = U\mathrm{diag}\begin{bmatrix} 1 & 1 & 0 \end{bmatrix}V^{\mathrm{T}}$$

相机间的平移、旋转有下列4个可能的解：

$$\left[\boldsymbol{R} \middle| \boldsymbol{t} \right] = \left[\boldsymbol{UWV}^{\mathrm{T}} \middle| u_3 \right]$$

$$\left[\boldsymbol{R} \middle| \boldsymbol{t} \right] = \left[\boldsymbol{UWV}^{\mathrm{T}} \middle| -u_3 \right]$$

$$\left[\boldsymbol{R} \middle| \boldsymbol{t} \right] = \left[\boldsymbol{UW}^{\mathrm{T}}\boldsymbol{V}^{\mathrm{T}} \middle| u_3 \right]$$

$$\left[\boldsymbol{R} \middle| \boldsymbol{t} \right] = \left[\boldsymbol{UW}^{\mathrm{T}}\boldsymbol{V}^{\mathrm{T}} \middle| -u_3 \right]$$

其中，$\boldsymbol{W} = \begin{bmatrix} 0 & 1 & 0 \\ -1 & 0 & 0 \\ 0 & 0 & 1 \end{bmatrix}$，$u_3$ 为 $\boldsymbol{U}$ 的第3列。

平移向量是从本质矩阵 $\boldsymbol{E}$ 中分解出的，为了避免出现多解，限制 $\boldsymbol{t}$ 为单位长度的向量。

$$Z_C \begin{bmatrix} u \\ v \\ 1 \end{bmatrix} = \boldsymbol{P} \begin{bmatrix} X_W \\ Y_W \\ Z_W \\ 1 \end{bmatrix} = \begin{bmatrix} P_{00} & P_{01} & P_{02} & P_{03} \\ P_{10} & P_{11} & P_{12} & P_{13} \\ P_{20} & P_{21} & P_{22} & P_{23} \end{bmatrix} \begin{bmatrix} X_W \\ Y_W \\ Z_W \\ 1 \end{bmatrix} \quad （7-3-4）$$

$$Z_C \begin{bmatrix} u' \\ v' \\ 1 \end{bmatrix} = \boldsymbol{P}' \begin{bmatrix} X_W \\ Y_W \\ Z_W \\ 1 \end{bmatrix} = \begin{bmatrix} P'_{00} & P'_{01} & P'_{02} & P'_{03} \\ P'_{10} & P'_{11} & P'_{12} & P'_{13} \\ P'_{20} & P'_{21} & P'_{22} & P'_{23} \end{bmatrix} \begin{bmatrix} X_W \\ Y_W \\ Z_W \\ 1 \end{bmatrix} \quad （7-3-5）$$

$$\begin{bmatrix} uP_{20} - P_{00} & uP_{21} - P_{01} & uP_{22} - P_{02} \\ vP_{20} - P_{10} & vP_{21} - P_{11} & vP_{22} - P_{12} \\ u'P'_{20} - P'_{00} & u'P'_{21} - P'_{01} & u'P'_{22} - P'_{02} \\ v'P'_{20} - P'_{10} & v'P'_{21} - P'_{11} & v'P'_{22} - P'_{12} \end{bmatrix} \begin{bmatrix} X_W \\ Y_W \\ Z_W \end{bmatrix} = \begin{bmatrix} P_{03} - uP_{23} \\ P_{13} - vP_{23} \\ P'_{03} - u'P'_{23} \\ P'_{13} - v'P'_{23} \end{bmatrix} \quad （7-3-6）$$

若想得到特征匹配点的空间三维坐标值，需要先计算相机之间的相对位置，根据相对位置，使用空中三角测量加密可以得到其坐标信息。

三角化的方式有多种，P 涵盖了相机的内部参数和外部参数信息，为一个 3×4 的投影矩阵。设 $\boldsymbol{P}$ 和 $\boldsymbol{P}'$ 分别为两幅图像的投影矩阵，$m(u,v)$ 和

$m'(u',v')$ 为图像对中的某对匹配点，$M_w(X_w,Y_w,Z_w)$ 为匹配点对应的空间点。将像素点坐标 m 和 m'，相机内部参数、外部参数等已知量代入式（7-3-4）和式（7-3-6）中，得到一个线性方程组，此方程组是关于未知变量 M_w 的。当在目前的场景重建中连续输入新图像的时候，通过三角化的方法便能重建图像序列。

7.3.1.2　多视立体视觉

多视立体视觉（Multi-View Stereo，MVS）可以制作加密的点云，其先寻找图像序列中每个像素点的对应点，然后利用SfM得到的输出来估计其深度值，若要获取稠密的三维点云，则需要通过深度图融合来实现。多视立体视觉与传统立体匹配方法的理论基础是一样的，但为了解决图像在视角、数量上差异较大的问题，MVS利用了多个视图，而不是传统的两个视图，如利用多视立体视觉来进行作业时，会对同一个物体进行多方位的一系列拍摄，从而形成一个图像集。

立体匹配的主要目标是让图像保持一致性的特征，需要通过获得影像深度图来进行三维信息的重建。图像一致性的评价方法有多种，如SSD、Rank变换等。

如果恢复重建的物体的纹理信息较弱，那么使用MVS方法获取的深度图的完整性将会较差。目前，卷积神经网络算法应用得比较广泛，且应用效果较好。利用ResNet-50的全卷积神经网络对深度图进行端到端的训练和预测所得到的深度图恢复物体的稠密三维点云，增加了物体表面点云的密集程度及平滑程度，使重建的质量得到了提高。

7.3.1.3　DSM制作

DSM包含土地覆盖面高度信息，例如地面建筑物、桥梁和树木。当数字地形模型（Digital Terrain Model，DTM）表示地形信息时，DSM表示土地覆盖表面。虽然DEM包含的通常为地形的高度信息，但DSM实际上是一种DEM，它反映了位于地面上的所有物体的表面特征，以更准确、更直观地表达地理信息，还可以修改DSM以恢复建筑物的倾斜度。在没有地物覆盖的区域，数字表面模型等同于数字高程模型。对于建筑比较密集的区域，如城中区，则数字表面模型为建筑物的最顶面。数字表面模型属于2.5D数字模型产品。

测绘产品中也有4D产品，DSM就是其中之一。DSM可以对遮蔽现象进行分析，形成真正射影像；对特征点进行匹配处理，利用SfM算法，对三维场景进行恢复重建，重建可显示相机的拍摄位置及拍摄姿态，获得稀疏点云；利用MVS算法对所有相同特征点进行匹配，获得稠密点云，根据稠密点云，可以产生DSM。

7.3.1.4 影像遮挡区域修复

在进行航空摄影测量作业时，一幅影像会对应多张具有重复拍摄区域的影像。且在进行航空摄影测量时，一部分区域会因为遮挡而丢失相应的信息，而因遮挡丢失的信息可以通过重叠影像的信息提取而得到补充。但这种方法只是传统的弥补遮挡的方法，存在一定的缺陷，对于高层密集建筑区及边缘部分的遮挡补偿不适用。这种情况下，若想恢复遮挡处的地表信息，需要通过人工仿真的方法来实现。

（1）利用相邻影像补偿遮挡区域。

在进行航空摄影测量时，一个高层建筑左右两侧的影像会有不同方向的遮挡，理想情况下，左侧影像处于所遮挡的区域，右侧影像是可见的并且是可以对左侧影像的遮挡进行补偿的，右侧影像处于所遮挡的区域，左侧影像是可见的并且是可以对右侧影像的遮挡进行补偿的，左、右影像可以进行信息的补充。但实际进行影像照片采集时，左右两侧的影像很难实现恰好互补的状态，需要多张不同方位的影像来对遮挡区域的信息进行补充。由此可知，当对多张重合的影像进行合并之后，合并后的影像遮挡区域会减少。

基于角度遮挡的补偿的主要步骤为：①选择一幅影像及其相邻影像分别作为主影像及参考影像；②检验参考影像是否能够补偿主影像的遮挡信息；③对于参考影像可以补偿的遮挡信息，可以选择对主影像进行遮挡修复。

在对遮挡区域进行信息补充时需要遵循一定的原则：选择离主影像最近的信息进行优先的遮挡补充；只有在经过影像相对配准的前提下，才能进行可见像素的镶嵌。

但当航飞标准为一般条件、所飞区域的建设情况密集、复杂时，为了保证影像信息的完整，需要进行一定的人工修复。

（2）临近像素补偿法。

利用临近像素文理补偿的方法来对相邻影像未能补偿的区域进行补充补偿，以达到与邻近像素纹理一致的效果。在进行补偿时，可以模糊处理遮蔽区域的边界，使得补偿后的纹理看起来不突兀。

在对遮挡区域进行信息补偿时，应根据不同的问题有针对性地选择不同的补偿方法，以使补偿效果达到最好。在使用相邻影像进行遮挡信息补偿时，虽然能够比较真实地还原地表的实际情况，但是可能会改变地物的阴影方向，如原本存在于地物右侧的阴影变换到了地物的其他位置，这是由于不同的影像拍摄的角度和时间存在差异造成的。

7.3.2　正射影像拼接

7.3.2.1　正射影像拼接的基本概念

DOM需要进行镶嵌处理，即将整个区域内单幅影像生成的数字微分纠正影像拼接成整个正射影像图。由于需要进行拼接的正射影像之间具有不同情况的影像重叠部分，所以需要在影像之间的重叠部分设置一条能够合理分割重叠区的线，这条线称为正射影像的拼接线。拼接线在生成时应避开房屋设施等高于地面的建筑，从而选取最优的全局分割路线。

拼接线的选择是影响无缝拼接的关键。拼接线应该为全局最优路线，并且需要达到有效避开高层房屋建筑物的目的。合理的镶嵌线应该有效、适当地避开建筑物，保证路线的全局最优，避免镶嵌线的路线过于曲折。

基于影像之间拼接线的镶嵌方法是先将原始数字影像进行预处理，在两张数字正射影像进行拼接时，需要计算两张像片之间的重叠区域，然后在重叠的范围内选择合适的拼接模型解算出两张像片的拼接线。这样，就可以以拼接线为分隔线，提取出两边各自像片的像素值。这样，拼接得到的影像中的每一张正射影像都保留了各自的像片所具有的像素。然后，将像片之间的拼接线羽化处理，就可以得到所需要的无缝拼接影像。

基于拼接线网络的镶嵌处理方法则是通过把所有拼接线连接起来形成拼接线网络，将单张正射影像的有效区域逐一整合成一个整体具有镶嵌的多边形。在影像拼接过程中，由于最终拼接的成图影像中的像素只能以其中一张最具有代表性的正射影像图中的像素值来决定，所以拼接后影像的像素是根据可以基本包含测区地理信息的那幅正射影像决定的。

7.3.2.2　正射影像拼接算法

（1）Dijkstra算法。

Dijkstra是由荷兰科学家亚利·迪克特拉在1959年时所研发的一种拼接算法，这种算法主要可以解决从某个像点至其他像点最短路程的情况，也就是影像中有关路线最短的算法。

所谓Dijkstra算法，即解决两点间费用最少的算法。这种算法其基本思想为：在初始点开始，每当前进一步时，都能够找到原本节点之中花费最少的一个，一直到找到全部的匹配点至原来节点的最少花费。这种算法具有的特点为：若各个路径的造价值是零或零以上，那么就必然可以找出在原始匹配点至每个匹配点之间最好的计算结果。这种方式存在的缺点，就是在搜索匹配点的计算步骤中需要经历逐个匹配点才能找出。由于需解算的是与相邻节点之间的最少造价，因此不用搜索出匹配点到原始匹配点的最佳途径。所以，经过改造后的Dijkstra算法在已经搜索出原始匹配点和目标匹配点二者之间的最佳途径后，便可以结束搜索[①]。

这种算法的具体步骤如下：

步骤1：把初始匹配点看作基本匹配点，同时改为已选条件，cost的值是0。

---

① 李彦妮.无人机影像正射纠正与拼接技术的研究与应用[D].长春：吉林大学，2017.

步骤2：和初始匹配点相连接的全部标识条件都是候补阶段，初始匹配点在经过此基本匹配点能够达到的cost值时，若所解算得到的cost值比原本匹配点所达到的cost值小，就应该对cost进行刷新，使用结算后的cost值，将之前的cost值覆盖掉。

步骤3：在全部和基本匹配点连接的条件都是候补时，所应该得到的值都为覆盖后的，搜索出在cost最小标识的条件是候补条件的下一步基本匹配点，并且转换为已选条件。

步骤4：对步骤2、步骤3进行反复迭代解算，直到所有寻找的目标匹配点转换成已选条件为止。

Dijkstra算法所具有的优点：

①唯一的路径。路径是唯一的，就不会出现镶嵌线前后不同的问题，这种方式下所解算出的拼接线对实际操作应用的纠正工作十分便捷，基本不会有由于每次操作不同而导致拼接线变换的情况出现。最主要的优点是，这种方式下得到的拼接线并不会如同蚁群算法一样需要进行大量的迭代计算，因而，很大程度上提高了效率。

②全局最好。"全局最好"这个特点同样也是评判拼接线是否合适的一个重要的标准。拼接线走线是根据所有像素权值之和最小的原则进行布设的，在这个方式下此拼接线一定全局最好。

（2）动态规划法拼接线。

方贤勇所提出的动态规划法拼接线，解算难度相对比较简单。把相邻的基本影像在经过初始匹配之后的范围分成两个区块，各区块分别对应基本影像相对应的部分，若是分割线合理，在拼接后就能够完全解决出现鬼影的问题。

①光线强度方面，要达到拼接线上面的特征点与基本影像之间的差值最小。

②相对坐标方面，要达到拼接线上面的特征点与基本影像上面的相同特征点最多。

然而，因为实际图像基本不能将上述两点同时满足，因而，一定要搜索出更好的能满足以上两个条件的最优拼接线。在对影像处理解析及数据验证后，总结得到下式：

$$E(x, y) = E_{\text{color}}(x, y)^2 + E_{\text{geometry}}(x, y)$$

式中，E_{color}能够变现出两个原始图像的重叠点间的颜色差，进而表示两个原始图像上所重叠的像素点间的结构差。这是通过修改梯度以后计算Sobel来实现的，如下式：

$$E_{\text{geometry}}(x, y) = \text{Diff}\left[f_1(x, y), f_2(x, y)\right]$$

式中，Diff能够表明两个影像 f_1 和 f_2 于 x 和 y 两个方向的梯度差之积。计算影像于 x 和 y 两个方向的梯度模板是：

$$\begin{cases} S_x = \begin{bmatrix} -2 & 0 & 2 \\ -1 & 0 & 1 \\ -2 & 0 & 2 \end{bmatrix} \\ S_y = \begin{bmatrix} -2 & -1 & -2 \\ 0 & 0 & 0 \\ 2 & 1 & 2 \end{bmatrix} \end{cases}$$

利用这个算法，把相同特征点的影像变为差值影像 $E(x, y)$；并且在这个差值影像之上找出最佳的拼接线。这种方式的步骤如下所述：

步骤1：初始化。对于第一行每个列的像点，全部搜索出它们所位于的拼接线，并且把它们的光线及地面点位差异，经过处理设成每个像点参考值，并把这条拼接线上的所在点设成相应列值。

步骤2：扩展。将经过处理的光线及地面点位差异的拼接线往下逐一解算，到最后一行解算结束后停止。

步骤3：找到最为合适的拼接线。在全部的拼接线里，选取光线及地面点位差异最小的，把这条拼接线选为最优。

（3）Twin-snake算法拼接线。

Twin-snake算法的基础是，在影像重叠区，相同的地物在相邻影像投影会存在差异，所以生成的DTM（数字地面模型）也不尽相同，同一地理位置坐标在不同的影像中也有差异。在影像重叠区相对的边界线同时发出两条

"snake"，它们相互接近，最终合二为一，在影像重叠区上得到的路径颜色和纹理均近似相同。其计算模型为：

$$E_{last} = a + E_h \left| b + E_i \right| + c + E_t$$

式中，a，b，c是影像上的权值系数；E_h、E_i、E_t是影像像素的色块；E_{last}为光线强度和纹理在同一影像上像点位之间求得的差值。两条"snake"的吸引方式为E_{last}最小。

$$E_{sum} = E_{last}$$

最终选择的拼接线路径为E_{sum}值最小的路径。

该算法所体现出的缺点是：如果影像重叠区存在的地面建筑物过高，则用这种算法进行拼接线解算时不能使影像获得有效高精度的拼接合成成果，两张影像存在投影差。所以该方法适用范围有限，多针对森林地区，很难适用于具有较密房屋建设的城市地区。

（4）差值影像拼接线算法。

由于投射原理，不同影像中同一地物的投影并不完全相同，两张影像的重叠区域具有投影前后的偏差。这种影像拼接算法的基本步骤为：首先是获取有效的差值影像，并调整该影像对应像素的目标函数，调整数值的大小随着相邻影像间像素的不同而变化，进而所调节的阻力系数也会随之改变，设置的比例系数随之减小。国内常用的基于蚁群算法自动获取拼接线的方法就是差值影像拼接线算法的思想体现。蚁群算法计算拼接线的步骤是：

步骤1：计算影像差值。

$$g(x,y) = \left| g_1(x,y) - g_2(x,y) \right|$$

式中，$g(x,y)$代表差值影像的灰度值。它们的原始重叠区的像素值由$g_1(x,y)$，$g_2(x,y)$表示。

步骤2：式（7-3-7）为初始信息素在差值影像上的设置方式。

$$p(x,y) = \begin{cases} \left[1 - \dfrac{g(x,y)}{l}\right] \times \left[1 - \dfrac{d(x,y)}{d_{max}}\right] \\ 0, g(x,y) > l \end{cases} \tag{7-3-7}$$

式中，$p(x,y)$ 表示该像素点的通过概率；$g(x,y)$ 表示地面坐标在差值图像上的灰度值；$d(x,y)$ 表示路径点到初始拼接线的距离；d_{max} 表示拼接线与初始拼接线的最大直线偏离距离；l 表示在影像拼接线路关键点上有效通过的灰度值。

步骤3：基于蚁群算法计算拼接线。首先将像点合理布设在原始的信息素范围内，获取合理的迭代初值，然后经过反复迭代的算法最终循环解算出最优拼接线路。求取每次迭代后得到的路径点坐标的算术平均值和方差，对比前后两次迭代后所求算术平均值与方差值，并求出其对应的差值。提前设定好阈值和最大迭代次数，比较差值与阈值的大小。若差值大于阈值且迭代次数小于最大迭代次数，则继续迭代，如果超出最大迭代次数，跳出循环，说明算法不收敛，重新获取初值；若差值小于阈值，则说明算法收敛，迭代结束。

在影像中存在较多地面建筑时，蚁群算法可以很好地实现拼接线绕开建筑物。然而由于该模型的计算过程需要多次迭代，模型计算次数很多，计算量很大，因而使算法实现的时间增多，导致模型的计算效率大大降低。

7.4　正射影像的质量控制

质量控制是项目的重要环节之一，建立完善的质量控制体系是项目顺利完成的保障。

7.4.1 质量检查流程

根据项目特点，严格按照相关要求实行自检、互检、专检和验收制度。

成立专门的质量检查组，对项目工作的各个阶段进行质量检查，质量检查的主要流程如图7-8所示。

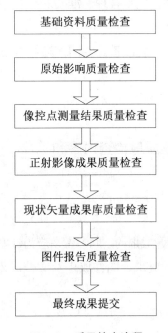

图7-8 质量检查流程

7.4.2 质量检查内容和标准

7.4.2.1 图件质量检查内容和标准

（1）卫星遥感影像图。

①图面色彩自然、真实。

②境界表示准确。

③图廓整饰内容完整，表示合理、准确。

④图内总体布局美观。

（2）区域现状图。

①图面色彩丰富、主次分明。

②境界表示准确。

③图廓整饰内容完整，表示合理、准确。

④制图综合的合理性。

⑤道路路网密度适宜，各级道路空间连通性准确、合理，层次分明。

⑥注记位置、名称准确，不同类型、级别注记字体、大小层次分明。

⑦各类数据符号表示合理、准确。

7.4.2.2　成果整理质量检查内容和标准

（1）投影方式。

（2）分带方式。

（3）空间参考系：影像成果的空间参考系应为CGCS2000国家大地坐标系。

（4）影像成果、矢量成果、图件成果及文档成果的完整性、命名格式、成果格式应符合规定。

（5）影像成果、矢量成果、图件成果及文档成果的组织形式应符合规定要求。

7.4.3　质量检查方法

7.4.3.1　基础控制资料质量检查方法

基础数据主要指高程数据，将基础数据分别加载到ARCGIS软件中，检查其是否完整未损坏，是否完全覆盖作业区域，并查看其数学基础是否与项目要求一致。

7.4.3.2　原始影像质量检查方法

（1）在ERDAS、PCI等图像处理软件中打开相邻原始遥感影像数据，通过人工目视方法，对原始数据的云雪覆盖情况、图面质量等进行检查。

（2）逐一打开原始影像的头文件，通过查找侧视角指标数值，进而判定侧视角是否满足要求。

7.4.3.3　像控点测量成果质量检查方法

（1）内业选点成果质量检查方法。

通过目视方法对控制点点位布设、位置、数量等进行检查。

（2）外业像控点测量成果质量检查方法

①作业小组现场采集完毕后，晚间各小组根据预选点位影像及现场照片进行互检，主要检查影像标示位置、实测坐标及现场照片是否一一对应，从而保证像控点的正确性。

②内业影像纠正时，严格检查纠正误差，针对误差较大的像控点位，及时反馈外业，外业第一时间重新测量该像控点，以保证影像纠正精度。

7.4.3.4　正射影像成果质量检查方法

（1）配准质量检查方法。

①通过目视的方法，检查配准控制点的分布是否均匀。

②在ERDAS图像处理软件中打开配准好的影像，通过"卷帘""闪烁"等目视检查的方法，逐屏进行精度检查。

（2）融合质量检查方法。

在ERDAS、PCI等图像处理软件中打开融合后的影像，目视判定以及将融合后影像放大到像素级别，来判断细节损失、各种地物边缘是否清晰等。

（3）纠正成果质量检查方法。

①通过目视的方法和打开纠正控制点残差文件，检查是否满足要求。

②通过"卷帘""闪烁"、定量评价等人工检查方法，逐屏进行精度检查。

（4）镶嵌质量检查方法。

①在软件中打开纠正后的影像，可以通过"卷帘"的方式，放大到像素级别检查重叠点是否满足精度指标要求；也可以通过计算检查点在两个影像上的坐标差值来检查其误差是否满足限差要求。

②沿镶嵌线逐屏对镶嵌处影像进行质量检查，包括是否存在模糊、锯齿、重影、晕边等现象。

（5）色彩调整质量检查方法。

在ARCGIS软件中打开色彩调整后的影像，对影像色彩、纹理进行整体检查。

（6）影像裁切质量检查方法。

在ARCGIS软件中打开裁切后的影像，沿项目区域范围线逐屏进行检查。

7.4.3.5　现状矢量成果质量检查方法

在ARCGIS软件中，打开现状成果库中各图层，采用目视检查的方法，对各图层数据完整性、要素内容、属性、空间拓扑关系、注记内容等进行质量检查。

7.4.3.6　图件质量检查方法

（1）卫星遥感影像图。

打印制作完成的卫星遥感影像图，目视检查其图面整体亮度、色彩是否适中，境界表示是否准确，注记是否完整、准确，图廓整饰内容是否完整，表示是否合理、准确。

（2）区域现状图。

①打印制作完成的区域现状图，进行目视检查，具体包括：图面色彩是否丰富、主次分明；境界表示是否准确；图廓整饰内容是否完整，表示是否

合理、准确；各类数据符号表示是否合理、准确；不同类型、级别注记字体、大小是否合适，层次是否分明。

②对图内内容进行检查，主要包括：道路路网密度是否适宜，各级道路空间连通性是否准确、合理，层次是否分明；注记位置、名称是否准确。

7.4.3.7　成果整理质量检查方法

对于监测成果的检查采用以计算机检查为主，辅以人工检查的方式，对成果文件组织结构、成果文件命名、数据完整性、成果逻辑性等方面进行检查。

第8章　数字摄影测量系统

　　数字摄影测量系统能够直接从数字影像中获得测绘信息，具有高智能化、功能齐全与全软件设计的特点，能够提供完整的空中三角测量到测绘地形的作业流程。且该数字测量系统中的可视化的三维立体景观，能够真实地将三维场景再现，进而能够实现为再现现实、虚拟现实进行数据提供。数字摄影测量系统不仅能够制作出不同比例的4D测绘产品，同时也是城市建模、三维景观以及3S集成的操作平台。因此，可以说数字摄影测量系统不仅突破了我国固有的测绘方式，在提高生产效率的同时，也为测绘部门提供了新的强而有力的测量工具。

8.1 数字摄影测量系统

8.1.1 数字测量系统的基本组成

如图8-1所示，数字测量系统一般由以下几个部分组成。

图8-1 系统硬件组成

除此之外，还需要与测量系统配合使用的标志板。

8.1.1.1 镜头

镜头的好坏将会直接影响到成像的效果，进而会影响到测量结果是否可靠。镜头焦距是选择镜头时需要重点考虑的因素，因为焦距的长短决定着测量的空间分辨率和测量的范围。除此之外，在选择镜头时还要注意以下事项：

（1）镜头的成像尺寸应该与CCD相机的靶面尺寸保持一致。

（2）镜头的焦距决定了视场角的大小。焦距越短，视场角越大，能够观测到的范围就越大，但是对于距离较远的目标则不能很好地分辨。反之，焦距越长，视场角越小，能够观测到的范围就越小，对远处目标分辨力就越强。因此，选择时要注意权衡焦距和视场角的关系，使镜头能够最好地满足实测环境的要求。

（3）镜头的光圈。光圈的作用是调节通光量，镜头的通光量常用镜头焦距与通光孔直径的比值来评价，选择镜头时，应该根据工程环境中的光线情况来选择合适光圈的镜头。

8.1.1.2 CCD相机的选择

CCD（Charge-coupled Device），也称CCD图像传感器。CCD是一种半导体器件，能够把光学影像转化为数字信号，具有高灵敏、光谱响应范围宽、抗震性好、寿命长、畸变低、外形小巧和抗干扰性优良等特点。现在CCD图像传感器广泛应用在数码摄影、光学遥测、光学频谱望远镜和高速摄影等领域。而黑白模拟摄像机更具有经济可行的优点，可以很大程度上降低系统的造价。

CCD图像传感器的工作原理为：被摄物体反射的光线传到镜头，进而通过镜头聚焦在CCD芯片上，CCD芯片则根据光的强弱聚焦相应的电荷，经过周期性放电，产生包含了图像画面的电信号，经过滤波、放大等一系列处理，最后输出数字图像信号。

CCD的主要技术指标取决于尺寸大小和采样频率。目前常见的CCD芯片尺寸为1/3"和1/4"，CCD靶面尺寸参数如表8-1所示。CCD靶面尺寸的大小以及镜头的配合情况，会直接影响视场角的大小和图像清晰度。

一般情况下，CCD图像采集卡的采样频率可以达到25Hz以上，能够满足大型结构振动频率的检测要求。

表8-1 CCD靶面尺寸参数

规格\参数	1 (Inch)	2/3 (Inch)	1/2 (Inch)	1/3 (Inch)	1/4 (Inch)
宽（mm）	12.7	8.8	6.4	4.8	3.2
高（mm）	9.6	6.6	4.8	3.6	2.4
对角线（mm）	16	11	8	6	4

8.1.1.3 数字图像采集设备

数字图像采集设备是将光学成像传感器得到的模拟电信号转化为数字信号的电路器件，通常只需知道每行像素点的数量，就能够确定像素的准确位置。数字图像采集器的输出接口主要有RS-644、RS-422、LEEE1394火线、USB、Camera Link和千兆网卡等。

8.1.1.4 存储设备

计算机内存是提供快速存储功能的存储器，相机获取到的图像将直接进入计算机内存进行暂时存储，直到完成数字图像信息的分析后将自动删除。这种存储方式具有读写速度快的优点。

硬盘是电脑主要的存储媒介之一，由一个或者多个铝制或者玻璃制的碟片组成，是一种比较理想的存储设备。尤其是近年来由于硬盘价格的降低，硬盘已经成为一种比较常用的存储设备。

8.1.1.5 处理器的选择和内存配置

处理器的功能是管理存储、处理及分析数字图像信息，是计算机的"大脑"，处理器的优劣直接反映在对数字图像处理的速度上。要实现对图像数据的实时分析，就需要一个高配置的CPU。例如，进行桥梁结构动态变形的实时监测时，由于数据量很大，CPU占用率很高，尤其是对多个目标进行同时实时测量时，内存占用已经几乎占到100%，因此高性能的CPU对于图像的实时处理是非常关键的。内存是计算机的临时存储设备，具有速度快的优点。现在双通道DDR2800的内存能够提供的带宽可达到12.8GB/s。数据处理平台的内存容量越大越好，可以显著提升数据处理速度。进行实时动态测量时，数据积累很大，推荐使用容量是8GB以上的内存设备。

8.1.1.6　图像输出设备

常用的图像输出设备有计算机显示器、电视图像监视器、液晶显示屏及相机自带的显示器等。

8.1.1.7　标靶

标靶是与测量系统配合使用的辅助测量工具，也称标志板。标靶上采用对角标志。标靶其实就是一种在表面印刷了对角标志及其他图案的硬质图板。图案中包含了能被测量仪识别的标志型号等参数，它可以协助测量仪器完成光学调整、系统量程标定等。另外，标靶可以提高被测目标的可识别度，实现尺度的自动标定。

采用合适规格的测量标靶不仅可以提高仪器的测量精度，还有利于提高仪器的测量效率。通常根据不同的测量环境（主要是测量距离）选取不同规格的标志板。

8.1.2　测量系统理想精度分析

理论上，仪器的测量精度主要取决于图像的物面分辨率；而实际测量中精度还与标志板图像有关。因为标靶采用了对角标志（见图8-2），图像中心的提取精度为δ像素，各个标志的形状基本相同，而各个标志之间的距离是人工标定的，因此标志之间的间距偏差Δ会影响到测量的精度。

假定采集到的标志板图像上下及左右间距为m像素，而实际间距L_{24}，L_{13}的尺寸分别为h（mm）、m（mm），实际偏差为Δmm，那么测量结果误差估计值可以表示为：

$$\sigma = \frac{h}{m} \times \delta \times (1 + \Delta/h) \times (1 + \delta/m) \ \text{（mm）}$$

如果相机足够稳定且采集的图像质量好、电源供电稳定，环境气流扰动小，环境条件比较理想，那么测量精度主要取决于放大倍数和标志点提取精度。若使用1 024×1 024的图像，取 h =800mm， m =400mm， Δ =1， δ =0.1，则按照上式可以计算出测量结果的误差估计值为 ± 0.2mm。

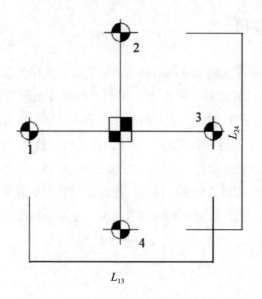

图8-2　带对角标志的标靶

气流扰动及其他干扰可当作噪声进行处理。这些噪声会影响成像的像素精度。为了简化精度分析，常将其归结为图像点的提取精度。采用多次平均的方法可以提高精度。对纯随机噪声， m 次平均的精度是单次精度的 $m^{-1/2}$ 。

8.1.3　影响测量系统精度的因素

除了成像系统分辨率等因素外，影响测量系统精度的主要因素还有成像系统的几何畸变、噪声、大气抖动、对焦不清楚、仪器支架位移和标志板在平面内的转动等。

8.1.3.1 成像系统的几何畸变

成像系统的几何畸变误差是指成像系统形成的图像与实际目标在全场严格满足针孔成像模型，使中心投影射线发生的弯曲。产生这种几何畸变的主要原因有镜头畸变、感光像元排列误差和透视误差。

（1）镜头畸变是指光学透镜组不能严格地满足针孔成像模型，也称透镜像差。透镜像差可粗略地分为轴对称像差和非轴对称像差两种。轴对称畸变像差是最主要的镜头像差，这种畸变像差可以分为正畸变和负畸变。照相机的焦距变化会对此畸变像差比较敏感，通常镜头焦距越小，镜头畸变越大。

（2）感光像元排列误差。感光芯片中的像元排列位置可能会存在一定的误差。同时，感光芯片像元是否严格排列在同一平面上，也会产生误差。这些误差将在不同程度上影响到拍摄目标图像的几何位置。

（3）透视误差。所谓透视误差是指照相机在装配过程中，出现的感光芯片平面与摄像机光轴不严格垂直而影响图像的几何位置精度的现象。

以上三种几何畸变误差中，镜头畸变的影响通常最大，尤其是在使用短焦镜头的情况下。成像系统的几何畸变误差通常可以采用系统标定的方法消除或尽可能减小其影响。

8.1.3.2 系统噪声

系统噪声是指图像在成像、数字化和传输过程中灰度受到的影响。这些噪声造成图像上的像素灰度值不能正确地反映空间物体对应点的光强值，进而降低了图像的质量，使图像定位测量精确度降低。

成像系统的噪声干扰主要有两种：图像传感器产生的噪声和图像采集卡的像素抖动。

图像传感器的噪声常用等效噪声电子数来衡量，一般工业级CCD传感器噪声为5~15个噪声电子，科研及天文应用的CCD传感器噪声为3～8个噪声电子。

成像传感器的噪声主要有光子噪声和暗电流噪声两种。

图像采集卡的像素抖动是指在使用标准视频信号输出摄像机时，在图像采集卡将模拟视频数字化的过程中产生的像素抖动。这种误差是测量系统的主要误差之一。

8.1.3.3 大气抖动

大气抖动是指在大气不同温度、气压、光照等因素下，密度变化、抖动等引起的湍流使光波的波前发生变化，影响光的传播路径，发生低阶抖动和高阶变形，而使成像模糊变形。当光在远距离传播时，这种影响将不能忽略。当距离大于20~30m时，这一影响已达到毫米量级，对于某些摄影测量将会产生不可忽略的影响。

大气抖动的影响不仅仅局限于数字摄影测量系统，对所有以光为手段的测量都会存在，这种影响在夏季强日晒条件下表现得尤为突出。例如，经纬仪在观察几十米以外的标尺时，标尺就会发生抖动，需要人工加以判断来消除大气抖动的影响。

8.1.3.4 对焦不清楚产生的影响

对焦不清楚会影响相机获取的图像质量，从而影响到计算结果。一般对焦不清楚引起的误差有以下两种情况：

（1）对焦误差。即测量过程中，依靠手动调节镜头和标靶进行对焦，这种调焦方式主要靠人眼判断，主观成分大，肉眼难以实现对焦完全精准，进而产生对焦误差。这种对焦误差使采集到的图像清晰度达不到要求，容易造成计算结果失真。

（2）在对焦完成后，测量过程中被测目标处于运动状态，造成拍摄到的图像失焦。通常在实际工程中，由于这种情况引起的误差比较小，因为目标运动的位移范围会比较小。

8.1.3.5 测量系统仪器支架位移偏差

测量系统的测量工作是以仪器架设为基准的，要想得到精度较高的测量结果，就必须在测量过程中确保相机绝对稳定。但是实际工程环境中往往会存在很多外界干扰，例如设备周边的来往行人、过往的车辆，以至于在风的作用下都可能造成支架发生轻微的晃动。这些因素引起的误差将会对最终测量结果造成极大的影响，因此在实际操作中需要严格控制这些因素对仪器的影响。除此之外，仪器本身机械结构的设计也可能造成仪器发生水平位移或扭转角，这也需要加以防范，避免其影响到测量结果的准确性。

（1）相机平动。相机平动是测量过程中比较容易出现的情况。假设相机发生平动产生的位移为Δ_s，考虑放大倍率β的影响，那么相机相对于被测目标发生了$\beta\Delta_s$的位移。当焦距为200mm、物距为100m时，放大倍率为500，当相机发生0.01mm的水平位移时，相当于被测目标的位移达到5mm。上述结果说明，相机发生平动位移会对测量结果产生非常严重的影响，因此在测量过程中应该确保相机的绝对稳定。

（2）镜头扭转。镜头扭转一般情况下是不会发生的，但是一旦外界发生了强烈的震动，就可能导致镜头发生转动。镜头转动对系统的测量结果依然比较严重。

8.1.3.6　标靶在运动平面内偏转误差

标靶是人工安装在被测物体表面的，难以保证标靶与测点所在水平面处于一个平面内。当标靶与光轴垂直，而与测点所在水平面有一定夹角时，对测点的总位移没有影响，但会对其水平和竖直方向的位移造成一定的偏差。

8.1.4　数字摄影测量三维量测的应用

8.1.4.1　数字线划图（DLG）的提取

数字线划图（Digital Line Graphic，DLG）是数字摄影测量测图成果中最常见的产品之一。DLG能够简单、直观、同比例地表现出地形图上的要素，而且由于DLG数据量小，便于管理，可以方便地进行漫游、检索、查询、量测、分层等，能满足GIS进行各种空间分析的应用。由于三维量测的结果即是真实的地面点坐标，如果在量测过程中，有意识地对建筑物屋顶进行量测，那么得到的三维点通过算法控制，即可以得到建筑物边缘的信息，也即建筑物边缘的提取，得到的成果即DLG。这种成果可以应用于土地使用规划与控制、城区建设与管理、交通建设与管理等方面，具有一定的社会使用价值。

8.1.4.2　数字表面模型（DSM）的生成

数字表面模型（Digital Surface Model，DSM）是描述地面物体表面形态的数字表达的集合。目前，由于高新技术的发展，由激光雷达（Lidar）获取的数据直接得到DSM，但是由于过多的冗余数据使得数据量过大，导致处理变得困难，如果采用摄影测量的方法，只需要对与感兴趣地物的特征点（如角点、道路的拐点）等进行解算，得到三维坐标点，这些坐标点的信息能完全满足构面的条件，因此，我们可以将此作为摄影测量的产品之一。

8.1.4.3　数字高程模型（DEM）的生成

随着信息技术与计算机技术的发展，测绘学界的成图方式也发生了改变，不再是制作使用不同的符号表示地理位置、形状及特征的纸质地形图，为了适应GIS等自动化的需要，便出现了用数字形式表现地面的方式，即"数字地面模型（DTM）"。DTM就是一系列用X，Y以及该地面点的高程或属性表现地面的数据阵列。只给出地面的起始点，水平坐标以一种自增的形式记录，而只用高程Z来表达的地面形态被称为DEM。

摄影测量是一种重要的获取DEM数据的手段。使用摄影测量获取DEM数据具有速度快、效率高、精度高等优点。在摄影测量解算出DSM后，只需要对DSM数据做一定的处理就可以得到DEM数据，借助于DEM数据，可以实现三维建模、三维漫游、数字城市、虚拟现实等功能。

8.1.4.4　正射影像（DOM）的应用

DOM是具有正射投影性质的遥感影像，在对遥感影像的几何处理中，不仅可以提取空间信息（如绘制等高线），也可以按正确的几何关系对影像灰度进行重新采样，形成新的正射影像。而其中的数字正射影像是指对相片进行数字微分纠正和镶嵌，按一定图幅范围裁剪生成的数字影像，它是同时具有地图几何精度和影像特征的图像，并有精度高、信息丰富、直观逼真、现实性强等优点。例如，将DOM测量技术应用于驾考场地的监管过程，往往会采用数字正射影像图。车辆的行车轨迹以及驾驶员考试所做的相关行为都会以数字的形式进行纠正，并加以镶嵌形成一个影像集，这种方式可以更加精确地获取驾考场地中的相关数据，让相关的管理人员可以根据图像的几何精度及影像特征对驾考场地进行监督管理。

8.1.4.5　真正射影像（TDOM）的应用

随着地理信息系统的作用不断增强，大比例尺的数字正射影像常被用作地理信息系统的底图，以在城市规划管理等方面进行应用。数字正射影像图是一种纹理翔实、带有地图几何特征的影像图，通常是基于DEM对几何变形和投影差等问题进行数字微分纠正而得来的。传统的DOM虽然名为正射影像，但其采集数据的过程中，传感器对于地面的采集范围而言，这一过程实际为中心投影，而不是真正意义上的正射投影。由于在数字微分纠正时，使用的DEM只描述了地表形态，并未包含建筑物等人工地物，因此在采集区域包含建筑物时，建筑物的顶部极有可能无法纠正到应与底部重合的平面位置，从而产生遮蔽现象，如此便降低了DOM的几何精度和完整度。

传统的数字微分纠正技术无法应对遮蔽现象。这使得建筑物在最终的影像上产生倾斜、遮挡相邻地物的现象，这个现象在高层建筑上表现得尤为明显。除此之外，可能还会导致GIS的矢量数据与底图不套合的情况发生。

针对这个问题，学者们提出了真正射影像（True Digital Orthophoto Map，TDOM）的解决方案。TDOM是基于DSM进行的数字微分纠正。相比起纠正DOM时采用的DEM，DSM不仅只包含了地表形态，同时还拥有更多丰富的地物信息。这让纠正过后的TDOM消除了投影差，修正了几何变形，使建筑物等所有地物都纠正到了正确的平面位置。除此之外，DOM在数据采集时，因为阳光变化、航线变化等不同的原因，而产生DOM图幅间接邻不契合的问题，在TDOM中也能得到解决。

8.2 数字摄影测量工作站

摄影测量从模拟摄影测量阶段开始，经历了解析摄影测量阶段，发展到今天的数字摄影测量阶段，整个摄影测量领域发生了翻天覆地的变化，对相关的生产、科研、教学等都产生了极其深远的影响。而随着近几年GPS技术、惯性导航技术、数字航摄相机技术、激光扫描、雷达等高精尖技术的成熟，与电子计算机技术紧密结合，开发了多种摄影测量软件，在适应历史潮流的过程中推动了数字摄影测量的发展。

8.2.1 数字摄影测量工作站的组成与功能

8.2.1.1 数字摄影测量工作站的组成

数字摄影测量工作站由硬件与软件两部分组成。

硬件设备包括：

（1）计算机。主要有大容量内存与存储设备，双屏监视器（一个用于立体观察，另一个用于常规操作）。

（2）立体观察设备。主要有互补色眼镜，闪闭式液晶眼镜系统（专业立体显示卡、液晶眼镜），偏振显示屏，偏振光眼镜。

（3）立体量测设备。主要有手轮，脚盘，脚踏开关，三维鼠标。

（4）输入、输出设备。主要有影像扫描与图形输出设备。

软件系统包括：

（1）计算机操作系统。

（2）专业摄影测量软件。主要有专业定向软件（内定向、相对定向、绝对定向等），数字空中三角测量软件，基于单像的数字矢量地图数据采集软件、基于双像（立体量测）的数字矢量地图数据采集软件，DEM自动生成软件，数字微分纠正与DOM生成软件，核线影像生成软件。

（3）辅助功能软件。主要有坐标计算与转换软件，自动等高线绘制软件，DOM制作软件，数字影像基础处理软件，立体景观图、透视图制作软件。

8.2.1.2　数字摄影测量工作站的主要功能

（1）工程管理。如建立测区，原始影像管理，预处理后的影像、金字塔影像、核线影像、正射影像等中间影像产品的管理，采集数据管理，最终产品管理等。

（2）影像预处理。如数字影像灰度变换、影像滤波、影像增强、影像恢复、频率分析等。

（3）数字影像特征提取及影像匹配。

（4）数字影像定向。如内定向、相对定向、绝对定向、前方交会、后方交会等。

（5）影像量测。如基于单像、双像、多像的像点坐标自动或交互量测。

（6）空中三角测量。如自动或人机交互。

（7）核线影像和金字塔影像生成。

（8）DEM生成与编辑。

（9）地物采集与编辑。

（10）自动绘制等高线。

（11）DOM制作。

（12）数字线划图制作。

（13）立体景观图与透视图制作。

8.2.2　数字摄影测量工作站的主要产品

（1）过渡性中间产品。如核线影像、金字塔影像、空三成果等。

（2）数字地面模型DEM或数字表面模型（Digital Surface Model，DSM）。

（3）数字地形图或专题图。

（4）数字正射影像图。

（5）可视化立体模型。

（6）工程设计所需的三维信息。

（7）GIS系统所需的影像和空间信息。

8.3　无人机低空数字航摄系统

8.3.1　无人机低空数字摄影测量系统简介

无人机低空数字摄影测量系统是一种低空航测系统，它通过无线电遥控器操控飞行器搭载具有高分辨率的相机来获取影像数据，该系统可以快速地采集野外影像数据，然后通过内业相应的数据处理软件对航摄数据按照行业规范的要求进行批量处理，生成符合相应规范要求的数字化产品。其中，倾斜摄影测量技术利用一组垂直镜头和四组角度不同的倾斜镜头来进行摄影测量，从而得到包括重叠度、航向、航速等一系列信息，通过内业相应软件生成三维模型。无人机的发展使倾斜摄影测量技术得到了飞速发展，通过获得的五个角度的影像信息，可以减少遮挡物的影响，而且对于重叠区域的拍摄可以有效提高三维模型的信息特征。相比于卫星遥感技术和载人航测技术，无人机低空摄影测量的优势主要有以下几点：

（1）高分辨率影像快速获取能力。无人机利用多种传感器获取多种分辨率的摄影影像，通过搭载五镜头相机获取一个竖直和四个倾斜方向的高分辨率的影像数据，为野外大比例尺地形图的数字产品的生成提供了原始资料[①]。

（2）快速响应能力。无人机一般重量较轻、体积较小，方便运输和使用，对作业环境要求不高，对作业场地的要求较小，只需一小块平地，借助螺旋桨或者弹射架就可以实现无人机的起飞和降落，作业效率高，机动能力强，可快速获取遥感影像。

（3）人员安全保障。使用无人机进行作业，大大减轻了外业人员的野外劳动，同时无人机可以代替人工到达人员不易到达的区域，保障了外业数据采集人员的人身安全，同时保证了数据的全面性和准确度。

（4）高效率低成本。相较于人工野外测量获取原始测量数据，无人机航空摄影测量的效率较高，而对比于遥感卫星和载人飞机航摄，无人机航空摄影测量的生产成本和维护成本都比较低，当无人机设计好航线和作业区域后就可以自动按照航线进行数据采集，随着无人机倾斜摄影测量的不断进步和无人机自身性能及市场需求的大幅度提升，具有良好稳定性和较长续航时间的无人机就占据了优势。

8.3.2 无人机低空数字摄影测量系统的组成

无人机低空数字摄影测量系统主要包括以下几个部分。

8.3.2.1 无人机飞行平台

无人机飞行平台主要包括控制系统、动力和导航装置、无人机机体和起

---

① 崔毅.基于数字摄影测量系统的三维量测与应用[D].北京：北京建筑工程学院，2011.

飞着陆设备以及供电装置等。倾斜摄影测量的无人机机体经过了改进设计，更好地满足了飞行平台的稳定性等性能要求。它的目的在于实现航摄飞行任务和任务设备的携带。目前无人机飞行器主要有四类，分别是扑翼式、艇囊式、固定翼式和旋转翼式无人机。小型多旋翼无人机在小范围作业区内或者人口密集的地区进行摄影测量的优势明显。多旋翼无人机的优势在于对场地要求不高，可以实现原地垂直起飞和降落，在复杂地区飞行的安全性较高；具有对称结构的六旋翼无人机稳定性较高，在遇到空气对流时不容易发生偏航等现象。

8.3.2.2　飞行导航和控制系统

飞行导航和控制系统主要由GPS接收机、传感器设备、惯性导航系统以及飞控板等部分组成。飞行导航和控制系统可以控制无人机按照提前设定好的航线自动实现航摄飞行任务。因此该系统的稳定性很大程度上也决定了航摄影像数据质量的高低。飞行导航和控制系统通过控制模式的转变实现对飞行速度、角度、行高以及飞行姿态的控制，极大地提升了无人机的飞行稳定性。飞行过程中可以通过地面控制系统对航路点数据和目标航点的更改来实现飞行航线的实时调整，无人机也会将飞行数据实时回传。在收集影像的过程中，系统部件GPS/NS会获取无人机飞行姿态、曝光点的位置信息等，从而实现对摄影测量数据质量的评价。该系统中还具备安全保护模式装置，可以在很大程度上保障无人机作业时的安全性。

8.3.2.3　地面监控系统

无人机进行摄影测量作业时，虽然在飞行导航和控制系统的控制下，能够自动地完成航摄任务，但是难免会出现飞机失控、飞机失速等不确定情况，这时候就要地面监控系统来实时监控无人机在空中的飞行姿态、航速和空中位置信息等，及时发现无人机飞行时的不正常状态，从而通过飞行控制系统及时调整飞机的状态。地面监控系统主要由地面监控系统、接收机、计算机与地面监控软件和遥控器四部分组成。根据地面监测软件上的技术参数，地面监控软件可以有效实现航线的自动生成、作业区域的规划，地面监控系统可以将相关的数据和指令进行传输，无人机飞行控制系统也可以根据接收到的指令来调整当前的飞行状态，同时将调整后的飞行参数（如航向、航速、姿态参数等信息）进行实时传输，当无人机出现失速、失控等状况时，就会启动报警装置，确保飞行过程中的安全性。

地面监控系统的主要作用如下：

（1）将指令和数据发送到飞行导航和控制系统。

（2）对无人机飞行的实时姿态参数进行监控。

（3）显示无人机的工作状态，显示无人机相关部件参数。

（4）在无人机出现失速状态、电量不足、信号丢失、发动机出现故障等情况时及时预警。

8.3.2.4　任务设备

应用无人机的主要目的是携带任务设备执行航飞任务，所谓任务设备一般是指数码相机控制系统、非量测数码相机和其他装置。

8.3.2.5　数据传输系统

数据传输系统主要由两部分组成，分别为空中数据终端和地面数据终端，它的主要作用是提供持续的天地之间的双向通信。地面数据终端包括数传天台和天线数传接口等部件。空中数据终端包括数据接口、数传电台和天线等部件，是数据传输系统的机载部分，其中数传电台和天线用于传递图像和飞行姿态数据，接收器用于接收地面命令。该系统可以实时监控无人机的飞行姿态和航摄信息的获取质量，可以将数据保存以便后期分析和使用。

8.3.2.6　发射和回收系统

发射和回收系统包括无人机发射系统和无人机回收系统两大部分。它主要用来保证无人机完成正常的起飞和降落，其中，固定翼无人机通常需要借助跑道来实现起降，而旋翼无人机可以在空旷地带原地实现垂直起降，具有更强的野外升降能力。在实际应用中，可以根据不同的任务需求和野外条件选择不同类型的无人机。

8.3.2.7　野外保障系统

野外保障系统主要包括两部分，分别为航摄任务保障设备和仪器运输保障设备。它的作用主要体现在及时排除无人机在野外作业时遇到的故障，从而顺利完成航摄作业，是无人机摄影测量的一个重要保障。其中，航摄作业保障设备主要是为了保障航摄作业能够顺利进行而准备的设备，一般指野外设备。运输保障设备主要是指包装运输箱，可以保障无人机设备在搬运和运输过程中不受损害。这些保障设备的配备，极大地提高了无人机航摄设备的安全性。

第9章 摄影测量学应用研究

随着计算机技术的发展和测绘科学的不断进步，摄影测量技术也在发生翻天覆地的变化。现代数字摄影测量技术与传统的摄影测量技术有着本质的区别，数字摄影测量的"全计算机化"以计算机为硬件依托，以基础地理信息获取的空间化、实时化，数据处理的自动化、智能化、服务网络化、社会化为主要特征。计算机、传感器及摄影测量理论的发展使摄影测量由数字化向信息化更近一步。

9.1 低空摄影测量应用概述

9.1.1 倾斜摄影测量技术概述

国际地理信息领域将传统航空摄影技术和数字地面采集技术结合起来发

展了一种称为机载多角度倾斜摄影的高新技术，简称倾斜摄影测量技术。倾斜摄影测量技术成为测绘行业的热点技术。通过在同一飞行平台上搭载多台或多种传感器，同时从多个角度采集地面影像，从而克服了传统航空摄影技术只能从垂直角度进行拍摄的局限性，能够更加真实地反映地物的实际情况，弥补了正射影像的不足，解决了传统中的航空摄影测量技术只能实时获取航空正射影像的测量成果，而不能实时获取完整的地形、地貌等图像信息的技术问题[1]。

随着网络和计算机技术的不断发展，人们开始意识到智慧城市建设需要先建立三维数字城市模型。传统的航空摄影测量虽能大范围获取地面三维数据，但仅能得到物体的空间坐标和顶面信息，不能获取目标完整的侧面纹理信息，由此造成构建建筑物三维模型的过程繁杂，并且缺乏有效的地面三维信息融合度而导致效果不佳，已不能满足智慧城市的发展需求。目前，随着摄影产品的研发应用与无人机技术的发展，无人机倾斜摄影测量技术迅速发展且广泛运用于建筑物三维模型的构建中。相比于传统技术，该技术可以更大程度地获取高精度的地物位置和姿态信息；同时其构建的高可视化三维模型，在各领域均可直观地进行场景解译；此外，该技术突破了基于单台相机的传统航空摄影测量的局限性，可以明确地展现三维模型与现实世界的视觉共性，使其成果能直接运用到智慧城市的建设中。

9.1.2　近景摄影测量技术概述

摄影测量与遥感是一门以传感器采集地物的空间信息，通过数字方式记录和感知的科学和技术。数字摄影测量以摄影测量、计算机视觉、模式识别、图像处理等学科为理论基础，是以数字来表达空间信息的摄影测量学。

---

① 戴竹红，李柳兴，邹发东.基于Smart 3D的实景三维建模与应用[J].广西城镇建设，2015（4）：113–115.

将近距离采集目标影像的数字摄影测量视为数字近景摄影测量，简称为近景摄影测量。如工业、生物医学、建筑学以及其他科技领域中的各类目标都是近景摄影测量学科的研究对象。近景摄影测量的摄影距离一般小于300m。在国内的工程应用中，近景摄影测量是一种新兴的测量手段，该技术现已被广泛应用于机械制造、航空航天、建筑工程、医学、采矿、结构变形、海洋、粒子运动等领域，具备十分广阔的发展前景。科学技术的发展和更严密的数据处理方法的出现，为近景摄影测量奠定了稳定的理论和技术基础。

近景摄影测量自产生到现在已有数十年的历史，一直处于不断的发展中。自20世纪70年代以来，国内外摄影测量技术有了很大的提高。数字近景摄影测量自产生到现在大致可以分为五个发展时期：近景摄影测量的萌芽期（1964—1984年）；成长发展期（1984—1988年）；全面发展、初有成果期（1988—1992年）；深入研究及推广应用期（1992—1996年）；成熟期（1996年至今）。

9.1.3 三维激光扫描技术概述

三维激光扫描技术又称三维实景复制技术，该项技术在实际的应用过程中，主要通过使用激光设备有效实现待测目标区域的实景扫描工作。通过扫描可以获取扫描测量区域范围内各种环境要素控制点位等，还可以收集测量物体表面的光反射强度以及对应的颜色分布信息，生成空间三维点信息，实现对待测区域的空间环境、建筑结构以及环境情况等的全面扫描。

三维激光扫描设备主要包含激光测距仪设备、反光棱镜设备以及全新数码相机等组成部分。激光测距仪设备主要应用脉冲式测量工作原理，可以在工作过程中主动发射相应的激光信号，实时接收来自扫描区域范围内物体产生的反射信号信息，以此有效实现远距离水平角和竖直角的精确测量工作。通过所获取的测量数据信息，可以准确计算被扫描点和测量原点之间的坐标差。如果测量站点与同一个定向点的坐标为已知参数，则可以准确计算对应扫描点的空间三维坐标情况。

　　三维激光成像扫描仪设备属于一种非接触式的主动测量系统，可以展开大面积高密度的空间三维数据信息收集，数据的收集速率相对较高。

　　激光扫描技术与普通摄影测量工作相比，测量工作点位和精度更高，且采集空间点位密度相对较大，涉及的扫描数据信息和坐标点参数获取效率更快。激光扫描技术具有主动式光源，可以在无光照的条件下进行观测，因此对高大的建筑体以及隧道内部的扫描工作提供了诸多便利。

　　三维激光扫描设备可以同步接收反射激光以及可见光，可以将光照强度和物体色彩进行扫描处理形成一种三维坐标体系，形成彩色的三维影像信息。通过三维激光扫描技术的使用，获取的点云数据不但包含建筑体表面所存在的零散点坐标参数，其中还包含色彩参数等，可以进一步提高建筑测绘工作的全面性和直观性，帮助建筑社会工作人员了解更多建筑结构构成的相关信息。

9.1.4　三维重建技术概述

　　在过去的几年里，作为获取基础设施空间数据的一种替代方法，基于图像的三维重建技术已经取得了显著的进步。它的基本原理是三角测量，借此以目标点在不同图像中的二维(2D)位置，用两条数学收敛线重建空间中的目标点。基于图像的技术可以分为两类：摄影测量和摄像测量。摄影测量是对图像中真实世界的目标进行测量，而摄像测量是对视频中的目标进行测量。基于图像的技术具有自动化程度高、设备成本低、现场数据获取速度快、便携性强等优点。然而，该技术的缺点是精度较低，并且现有的测量员对其不太熟悉。

　　一般来说，三维重建对于AEC行业的建筑师/设计师、工程师、承包商和检查员来说都是非常有用的，可以用来控制/验证基础设施的质量，分析竣工结构与原设计结构之间的偏差，绘制竣工图纸，监控项目进展，以及评估灾害造成的损害。还有一项实际应用是帮助生成竣工数据和文件记录。目前，许多建筑活动都是在建筑项目组装完成后进行记录的。激光扫描仪和摄像/摄影测量都可以加速这一记录活动。激光扫描和摄像/摄影测量也是记录钢筋安装情况以备之后检验的绝佳选择;并且还有一项适用于土建活动,就是进行定期路面检测,可将数字化路面数据与先前的3D扫描进行比较,以预测恶化率。这些数据对估计路面维修或重置成本非常有帮助。当人员通行/安全问题对标准测量造成妨碍时,这两种技术都可以为精确和高效的竣工测量提供一个极好的替代方案。

三维重建技术有两种途径,一种是基于摄影测量的理论基础,另一种是基于激光扫描技术的理论基础。

目前大疆M300搭载的五个镜头(赛尔102S或睿博dp3)都可以通过倾斜摄影的方式完成三维重建,2021年推出的L1镜头可以通过雷达扫描的方式,通过点云方式实现三维重建。通过重建结果对比可以得知,激光雷达扫描的结果是通过激光回波生成的点云构建,高程精度一般优于平面精度,可以达到厘米级精度;而倾斜摄影测量的方式,是通过影响匹配实现的三维重建,平面精度优于高程精度,可以达到厘米级,视觉效果也更优。图9-1和图9-2为苏州科技大学校区激光点云生成的建筑楼成果和倾斜摄影生成的石湖校区图书馆成果。

图9-1 苏州科技大学校区建筑楼

图9-2　石湖校区图书馆

9.2　无人机倾斜摄影测量

9.2.1　概述

9.2.1.1　无人机航测系统和组成

无人机航测系统主要利用GPS差分定位技术、摄影测量技术、通信技术和无人机技术等，通过对测区范围内的地形地物及环境等进行拍摄，提取所需信息，并对拍摄到的数据信息进行实时分析处理，创建应用模型，实施系统分析。无人机航测系统由多项设备组成，主要包括无人驾驶飞行器、GPS定位导航、摄影传感器，以及飞行中的辅助设施，如操作系统、地面站、远程通信装置、飞行平台、信息处理系统等。无人机具有成本较低、机动性高、小型专业化等优点，通过所获得的高分辨率影像照片，可制作 DSM、TDOM、三维实景模型等。

无人机倾斜摄影测量系统一般由无人机平台、地面控制子系统、任务荷载子系统和数据链路子系统组成。

（1）无人机平台。

无人机平台主要是指用无人机搭载测绘任务设备（如航摄仪、导航设备等）来执行航测任务。2010年10月，我国发布了CH/Z 3005—2010《低空数字航空摄影规范》，对测绘无人机飞行高度、续航能力、抗风能力、飞行速度、稳定控制和起降性能等做了详细规定。

（2）地面控制子系统。

地面控制子系统，即控制无人机完成航空摄影测量相关任务的系统，该系统的主要功能有：进行无人机作业航线规划设计；通过数据链路子系统实时进行数据传输和指令控制；实时显示无人机飞行参数和无人机设备工作状态等信息（如飞行高度、航飞速度、飞行轨迹、发动机转速、机载电源电压数值等）；警报提示功能，当无人机执行任务时出现突发情况，可及时向地面控制子系统发出警报提示信息。

（3）任务荷载子系统。

任务荷载子系统主要用于影像数据的获取与存储。常用于影像数据获取的航摄仪设备有德国徕卡公司的RCD30和ADS40航空数码相机、中国测绘科学院研制的SWDC-5航摄仪、Z/I公司推出的面阵航空数码相机DMC、哈苏H4D航摄仪、索尼RX1R系列相机等。

（4）数据链路子系统。

数据链路子系统主要用于地面控制系统与无人机飞行控制系统以及其他设备之间的数据及控制指令的双向传输。

9.2.1.2　无人机倾斜摄影测量特点

无人机倾斜摄影测量改变了传统摄影测量只能从垂直角度获取地物影像信息的数据采集方式，由二维平面成果转为三维实景模型成果，使成果产品更加贴近实际，满足人们对事物的认知和审美需求，弥补了传统人工建模仿真度较低的缺点。

传统摄影测量以垂直角度获取地物影像数据，难以获取地物侧面信息，为突破这一局限，逐渐发展起无人机倾斜摄影测量。它是在无人机飞行平台上搭载垂直相机和多台倾斜相机（或利用单镜头相机），从各个方向观察地物，再加上其分辨率优势和全方位无盲区视角范围，影像中物体的细节极其丰富和真实。将传统摄影测量在大尺度上的优势与倾斜摄影测量在快速获得丰富纹理方面的优势相结合，在真三维模型的构建中加以应用，一定会大大提升效率、降低成本。

同时，无人机倾斜摄影测量技术在无人机平台上集成先进的POS系统，能够实时精确记录无人机相机拍照曝光瞬间无人机位置、飞行姿态参数信息，使影像数据具有高精度的空间定位信息。

借助传统摄影测量共线方程等基本原理、计算机视觉技术和计算机强大的运算能力，利用主流的三维重建软件进行影像匹配，可恢复影像的空间位置，生成密集点云数据，从而构建实景三维模型[①]。

9.2.2　倾斜摄影三维建模

需求的不断增长极大地刺激了相关技术、软硬件设备的发展。CCD（charge-couple device）成像技术在灵敏度、分辨率及成像面尺寸等方面的提高，逐渐替代了胶片摄像机；计算机设备存储和计算能力不断提升，为倾斜摄影三维建模处理庞大的数据提供了基础支持；GPS动态差分技术和高精度姿态控制技术INS系统优势互补，集成到无人机平台，可快速连续获取成像时传感器的位置姿态信息，从而获取影像精确的外方位元素。计算机视

① 王勇，郝晓燕，李颖.基于倾斜摄影的三维模型单体化方法研究[J].计算机工程与应用，2018，54（3）：178-183.

觉与摄影测量紧密结合，基于计算机视觉技术也研发出了许多用于三维重建的软件并应用于摄影测量，常用的三维建模软件有Smart 3D（context capture center）、Pix4Dmapper、街景工厂、Photo Scan 等。

随着倾斜摄影构建三维模型技术的逐渐成熟，逐渐展露出该技术存在的缺点和不足。如对于地物遮挡区域影像数据难以获取，存在影像数据获取盲区；多镜头航摄仪价格昂贵，对于个人或小单位作业而言，成本太高，只能通过单镜头模拟多镜头进行数据获取；利用单镜头模拟五镜头进行数据获取时，单镜头的倾斜角度设置将很大程度上影响获取影像的数据质量和成图精度；同时，目前基于无人机倾斜摄影测量构建的三维模型大都处于"看"的状态，并未发挥其潜在的利用价值，其潜在的价值仍有待深挖。国家对空域的管制也将成为未来倾斜摄影发展的一大限制。

根据三维模型构建的精细化程度及原始数据来源的不同，市场上出现了多种三维模型构建方法。基于激光雷达技术的三维模型构建是利用激光雷达数据，对现实事物数字化之后进行某种形式的重现过程。基于激光雷达数据进行三维建模一般分三步，分别是屋顶面片分割、边界规则化和模型生成。该建模方法可生成高精度的地物三维"白模"，不具有纹理信息，对于一些需要明显突出建筑物主体结构和细节部分的标志性建筑物有很强的适用性。但对于大区域三维模型的构建，仍受数据量大、作业效率低和作业成本高等因素的限制。

9.2.3 无人机倾斜摄影测量航摄方案规划

摄影测量外业开展前，需要根据野外实际情况和内业制图的需求，制订详细的摄影测量航摄方案，以确保航摄任务的顺利实施。

9.2.3.1 航摄方案的规划

航摄方案的规划主要是指先了解测区概况，选择合适的摄影测量方式，确定航摄的基本参数，选择合适的仪器设备，确定最终的摄影方式和预估工作量。航摄方案规划最重要的一步就是航线的设计，一个好的航摄方案可以在保证航摄效果的前提下在最短的时间内完成航摄任务。理论上最简单的航摄方案就是按照矩形范围飞行，这是理想的航线规划，实际工作中可能会因为工程的需要、地形起伏的变化而改变测区的形状，可能会将测区规划为不规则多边形的形状，这样可以在实际情况下最大限度节约作业时间。面对更复杂的航线设计时可能还需要进行分区作业，具体设计方案如下：

（1）当作业范围较小且测区边界不规则时，可以采用外接矩形的方式将测区包含在内，这样虽然增加了一些航摄面积，但是也减小了飞行的难度。

（2）当作业范围较大且测区边界不规则时，可以将测区进行分区作业，将每个小测区采用外接矩形的作业方式单独进行作业，分区的大小一般按照一组电池所能完成的测区面积大小来划定。

另外，航摄方案的规划中，具体的拍摄方式通常还需要根据所拍摄目标地物的地点采取不同的航拍手法，将所拍摄的目标类型分为点状、线状和面状地物，还包括一些综合性的地物类型。

对于几个不同的具有代表性的拍摄目标类型，拍摄方法简要介绍如下：

（1）点状地物。点状地物就是独立的一个地物，例如单体建筑、寺庙、雕塑等。对于这类地物，需要采集整体的纹理信息。对于这种地物需要用环形拍摄的方法来采集信息的，用单镜头先从地物底部环绕地物进行拍摄，拍摄完毕后再从地物顶部环绕拍摄。

（2）面状地物。对于面状地物，地形相对平坦，通过竖直角度摄影测量即可获得其顶部纹理信息，将航向重叠度和旁向重叠度调整达到要求即可。

（3）线状地物。对于线状地物的拍摄，通常采用三镜头折线方式飞行，即通过垂直和左、右三个镜头拍摄的两组倾斜和一组垂直影像信息即可获得。

（4）建筑群。城市建筑群在摄影测量作业中比较常见，如果测区建筑较多，采用的作业方法主要是折线多镜头拍摄和折线单镜头多角度拍摄，可以获得丰富的纹理信息。如果测区仅为单个建筑物，常采用多镜头环绕拍摄的方式采集地物纹理信息。当建筑物数量比较多时，对每个建筑物进行环绕拍摄的效率就比较低，因此一般不采用这种方式。

（5）山洪沟。山洪沟是一种V形沟谷，落差比较大，对于这种地形的拍摄，如果采用定航高拍摄，会因为地面分辨率变化较大而使模型精度不均匀，可以采用三镜头折线方式进行，获取垂直和左、右三个镜头拍摄的一系列重叠影像。

9.2.3.2 航摄方案的拟定

为了顺利完成摄影测量外业航拍的任务，需要在拍摄前拟定航摄方案。方案具体拟定过程如下：

（1）任务提出和搜集资料。提出作业任务以后，需要大致了解测量范围、天气情况、所需成图比例尺，然后在航线设计之前先在奥维地图等软件上对测区进行了解（例如测区最高点高程、是否为禁飞区或者限飞区、测区大致地形），在平板上圈定飞行范围。

（2）设定航摄参数。基于任务性质和范围，结合地形和天气因素对航线设计进行综合考虑，在保障飞行安全的前提下，应最大化覆盖任务范围和重点目标，根据项目要求和地面分辨率要求，对航摄的技术参数进行计算，在航摄软件上设置好测区范围，设置好航向重叠度、行高、旁向重叠度、航速以及低电量报警值等参数。

（3）规划。合理布设像控点位置。

（4）制订飞行计划。对无人机的拍摄方式和航摄路线进行设计，达到内业的要求，实现航线最优化。

（5）实施飞行计划。为了使拍摄的照片清晰，尽量选择曝光适宜、风力较弱的时段进行飞行，这样既可以保障影像的清晰度，也可以保障飞机的安全。

9.2.3.3 航摄方案的优化

航摄方案确定以后，为了更加高效地完成航摄任务，要在保证飞行安全的前提下提高飞行效率。可以从以下两方面进行方案优化：

（1）安全方面。设置飞行行高时，一定要确保航摄作业范围内地物的最高点低于航摄行高，同时也要注意一些特殊的障碍物，例如信号塔、电线杆、电塔等。提前了解飞行当天的天气情况（例如风速），超过一定等级就不适宜起飞。在飞行过程中也要及时关注飞机姿态球的变化，当飞机姿态球变化过大时说明上空风速较大或者气流不稳，应及时返航，避免事故的发生。同时，注意设置好低电量自动返航，一般设置为30%比较保险，保证在飞机电量达到预警值时能够自动返航，避免因为飞机电量不足导致无法返航甚至坠机。在这个方面，大疆的航线规划产品Pilot具备根据电池电量、航行距离和高度，自动设定返航时间点和提示的功能，强烈建议不要"突破"使用。

（2）效率方面。由于无人机体积和携载量较小，无法携带大容量电池组，作业时间一般不会太长，还与天气、负载等有关，以大疆M300为例（搭载五镜头），单次作业时间一般在30min左右。合理的航摄方案规划对充分发挥无人机的作业效率至关重要。

9.3　近景摄影测量技术

近景摄影测量是摄影测量与遥感的一个分支学科。通过摄影手段以确定目标（地形以外）的外形和运动状态的学科称为近景摄影测量。包括工业、生物医学、建筑学以及其他科技领域中的各类目标都是近景摄影测量学科的研究对象。

9.3.1　近景摄影测量的优势与不足

近景摄影测量是通过摄影和摄影测量处理以获取被摄目标、大小和运动状态的一门技术。近景摄影测量的摄影距离一般小于300m。

近景摄影测量相较于其他测绘技术存在着诸多优势：

（1）该技术可瞬间记录下被测物体的大量几何和物理信息。拍摄的影像或像片能够获取被测物体大量的视觉信息，由于被摄物体上存在着诸多点位信息，因此采用近景摄影测量可以极大地提高测量效率，减少工作量。此外，还可由近景影像衍生出各种测量成果。

（2）近景摄影测量技术在获取影像时不需接触被摄目标本身，属于非接触式测量，不会破坏物体固有属性。而且当在一些不适宜人类进入的场所（如放射性强、有毒缺氧、噪音环境、水下等）进行测量时，可以采用此技术。由此可见，近景摄影测量对于复杂恶劣的环境具有很强的适应性。

（3）随着科技的进步，摄影仪器生产技术得到提高，计算机视觉领域得到发展，数字近景摄影测量理论也在不断完善和更新，技术手段的提高以及资金投入的扩大促使测量精度大大提高，技术的进步促使资金投入与产出之间的性价比得到大幅度提升。

（4）近景摄影测量基于相机曝光的瞬时性，可以测量物体实时运动状态和变化，并记录任意感兴趣物体的实时影像，然后通过影像反演感兴趣的信息，是适于获取较远目标和微观世界信息的测量方法。

（5）近景摄影测量亦可瞬间获取大量物体的三维信息，经过近景摄影测量系统处理，可以获取各类空间数据、图形、图像、三维构型以及三维动态序列影像等。

近景摄影测量也有它的缺陷与不足：

（1）技术含量高，设备投入高，人员素质要求高。

（2）不适用于被测物体纹理匮乏、摄影环境不佳的测量条件。

（3）待测点数不多时，时间和技术成本都偏高。

9.3.2　贴近摄影测量技术

滑坡、泥石流等地质灾害的发生会对人们的安全造成极大的影响，对于此问题，必须要做到对地质灾害进行实时监控并降低发生概率，这对监控的精度和效果要求更加高，是对相关行业的新的挑战。贴近摄影测量是一种新的摄影测量方式。贴近摄影测量是对"面"的摄影测量，垂直航空摄影测量、倾斜摄影测量是对三维空间进行摄影，而贴近摄影测量摄影的"面"可以是建筑物立面，也可以是坡面等三维空间内的任意面，通过无人机携带相机设备贴近需要摄影的立面获取分辨率高的影像，通过内业数据处理构建效果好、精度高的精细化模型。贴近摄影测量是一个新的技术，需要在各个领域中应用，发现问题并进行改进，使其能够在更多的领域中发挥重要的作用。

在对地物进行精细化模型构建时应用较多的是激光扫描技术，但是该技术设备昂贵，在实际工程上的应用得不到普及。相对于激光扫描的方式，贴近摄影测量应用的无人机在市场上越来越普遍，成本相对较低，技术也相对成熟。

要注意贴近摄影测量与仿地摄影测量的区别，后者主要是根据高程的不同对地物进行不同高程的航线规划，以保持无人机与地面的距离相同，使拍摄的影像分辨率相同；而贴近摄影测量除了保持了无人机与被摄物体的相同距离，还顾及了被摄物体的坡度和坡向，根据不同的情况调整无人机的相机角度，真正达到无死角地进行摄影测量。近景摄影测量在某些特定的情况下与贴近摄影测量比较相似，但是不能说贴近摄影测量就是近景摄影测量，贴近摄影测量针对的"面"是不同的，如果"面"的坡度为90°就与近景摄影测量有些相似，它们在实际工作中各有优劣。

贴近摄影测量的基本流程是"由粗到细"，如图9-3所示，"粗"的过程就是应用常规的无人机飞行来获取低分辨的影像，对低分辨率影像进行处理能够得到初始地形信息，"细"的过程就是应用初始地形信息进行"面"的拟合，从而计算出无人机贴近飞行的三维航线规划，然后再对贴近飞行的图像进行三维建模。

贴近摄影测量对硬件的要求主要有两个：一是要有无人机高精度定位技术；二是要有无人机云台姿态控制能力。贴近摄影测量镜头的朝向是根据地面的形状进行调整的。

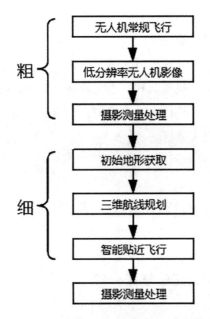

图9-3 贴近摄影测量基本流程图

9.4 实景三维重建技术

9.4.1 实景三维重建的基本流程

实景三维重建的工作流程一般分为两个部分：第一个部分外业数据获取，第二个部分内业数据处理。

外业的主要工作为数据采集，即利用飞行平台搭载倾斜摄影相机获取航片。外业数据采集工作需要熟练稳重的飞手，搭配安全稳定的飞行平台和工作稳定、性能卓越的相机。航片获取后交由内业，内业的主要工作为数据处理，包括将航片导入专业的处理软件中进行空三加密运算以及模型生产，这个环节往往是问题的高发阶段。

内业数据处理完成生产建模后，可对成果中一些不理想的地方进行修模和改善。修模的时候对一些墙洞和水面洞补洞，对一些破车做拟合到平面处理，删除悬浮物，拉直部分扭曲的建筑物，针对需要精细化展示的建筑物进行单体化重建，再映射实景纹理。

9.4.2　实景三维模型分级与模型修整

9.4.2.1　城市实景三维场景分级

随着2019年"实景三维中国"概念的提出以及李德仁院士对实景三维产业技术条件和"实景三维中国建设"工程开展条件的判断，国家、省、市各级政府开始大力推进实景三维建设工作。

"实景三维中国建设"主要由3个层级构成：地形级、城市级、部件级。但是通过与地方应用需求的对接，发现这3个层级无法细致地应对地方层面的城市需求，于是在原有层级基础上增加了"街道级"。

（1）地形级实景三维场景。

地形级实景三维场景主要表现城乡大区域地形地貌。从高空视角观看，能够直观展现山川河流、村镇分布、城市形态。场景中模型的平面和高程精度可按照《城市测量规范》1∶2 000比例尺相关规定执行。

该层级的实景三维场景可采用以下方式建设：

①数字高程模型（DEM）叠加数字正射影像图（DOM）建模。收集已有的DEM和DOM成果，将DOM作为地面纹理叠加到DEM上，进行场景编译后发布使用。其中，DOM地面分辨率不宜低于0.2m，DEM格网尺寸不宜低于2m。

②基于高重叠度正射航空摄影数据进行倾斜三维自动化建模。采用正射航空摄影方式进行地面影像获取，然后使用倾斜三维自动化建模软件进行数据处理，形成实景三维场景。其中，影像地面分辨率不宜低于0.2m，航向重

叠度不宜低于70%，旁向重叠度不宜低于50%。

③基于倾斜航空摄影数据进行倾斜三维自动化建模。利用多镜头（一般是五镜头）倾斜航摄仪，获取前、后、左、右、垂直五个视角的地物照片，然后使用倾斜三维自动化建模软件进行数据处理，形成实景三维场景。其中，垂直影像地面分辨率不宜低于0.2m。

（2）城市级实景三维场景。

城市级实景三维场景主要表现一定区域的城市风貌、地形地物。从低空视角观看，能够直观展现居民地、工矿建（构）筑物、交通设施、水系、植被、地貌等。

该层级的实景三维场景一般采用倾斜航空摄影的方式获取影像数据或激光点云数据，然后使用倾斜三维自动化建模软件进行数据处理，并对自动化生成的三维模型进行初修，消除平静水面等导致的模型结构空洞、变形，以及大型悬浮物等，形成城市级实景三维场景。

其中，垂直影像地面分辨率一般选择0.03m。场景中模型的平面和高程精度可按照《城市测量规范》1：500比例尺数字线划图规定执行。

（3）街道级实景三维场景。

街道级实景三维场景主要表现城乡建筑、道路及景观环境等。从街道车行或者步行视角观看，道路及其附属设施、建筑物立面及材质等符合现实世界的视觉感受。

该层级一般基于城市级实景三维场景，利用修模软件对道路、植被、水系、管线和其他模型进行精细化处理，对建筑物进行实体化处理，以消除建筑物镜面、透明玻璃等散射较弱材质导致的模型结构变形或缺失，建（构）筑物密集导致的结构粘连、地面植被遮挡，拍摄盲区导致的模型结构缺失等问题。

（4）部件级实景三维场景。

部件级实景三维场景能够表现建筑物细节、道路标志标线、街头景观小品、市政设施等。从街道车行或者步行视角观看，绿化、街头小品等城市景观、道路附属设施等细节上符合现实世界的视觉感受。

该层级一般是在街道级实景三维场景的基础上，对道路、水系、植被、管线和其他模型进行实体化处理而得到的。

9.4.2.2 实景三维模型修模

指对建成的三维模型成果存在的问题进行优化，如结构变形校正、漂浮物删除、水面破洞修补、纹理修改等。优化的软件有DP Model、3dmax、Geomagic等。

由于倾斜摄影在影像获取方面不可避免地存在一定的死角或数据关联点不足的地方，导致模型匹配时存在扭曲变形或模糊不清的区域，主要为建筑物或地物的底脚部位，如水面、玻璃等光滑表面无或少纹理特征，匹配不到特征点而产生模型漏洞；路灯、旗杆、小于一定厚度的广告牌等，由于匹配截面过小，不能产生足够多的特征点，而造成模型的缺失。因此，需对模型存在漏洞的部分进行编辑加工。一般先对模型进行分块，这样可以只将存在问题的模型数据导出到模型修饰软件中进行修改与精细化，而无须导出整个模型。

9.4.2.3 修模过程

采用武汉天际行公司的图像快速建模系统（DP-modeler）V2.0.17.703版本，先将context capture 软件生成的模型导出为OBG和OSJB格式，再导入DP-Modeler软件中进行编辑加工，重新整合输出为一个完整OSGB格式的模型（见图9-4）。

图9-4　完整模型

修饰工作的内容主要包括：①删除悬浮物；②补充存在空洞的地方；③对不平整的路面和有些破损的车辆等进行平滑，拟合到平面；④拉直部分扭曲的建筑物；⑤针对需要精细化展示的建筑物进行单体化重建，再映射实景纹理。

修模之前和修模后的实景三维模型如图9-5所示。

（a）修模之前　　　　　　　　　　（b）修模之后

（c）问题照片　　　　　　　　　　（d）问题照片修模后

图9-5　修模照片

9.4.3　实景三维模型重建实例

9.4.3.1　石湖校区倾斜摄影测量三维建模

在无人机倾斜摄影数据获取环节，出于影像资料获取的考量，观测人员应着眼于实际，在科学性原则、实用性原则的引导下，保证无人机倾斜摄影数据的精度以及广泛性。此外，根据观测区域的实际情况，科学判定外业观测点设置的位置，明确无人机观测的路径。通过这种方式，实现了测量精度的有效控制，为后续相关建模工作的开展提供了便利。

（1）项目范围与相机参数。

苏州科技大学石湖校区位于中国历史文化名城苏州，毗邻石湖水，坐拥上方山。本案例地形主要为平地，面积大约为4km²。

本实例选取赛尔PSDK 102S五镜头倾斜摄影相机，有5个镜头，传感器尺寸23.5mm×15.6mm，镜头焦距35mm，相机总重≤600g，侧视相机倾角45°，总像素＞1.2亿，带有稳定姿态系统。

（2）像控点分布。

外业像片控制点的点位与测量精度对最终成果精度的影响很大，因此，像控点的选择与布设应遵循以下原则：

①本实例像控点统一布设为平高点，均匀分布于测区范围之内。

②选在影像明晰的明显地物上，如接近正交的线状地物交点等，若测区内无合适的地物点，可在航飞前用油漆或石灰绘制标志。本实例中采用提前打印的较为明显的像控点标志，将其贴在地面上或楼顶上，便于无人机航拍。

③每隔一段距离均匀布设像控点，对像控点三维坐标的采集，结合测区情况、精度要求等采用GNSS-RTK测量，并做好点标记，便于内业刺点进行精度评价。

④像控点应尽量选择无信号遮挡且远离电磁干扰的位置。

像控点分布如图9-6所示，控制点坐标如表9-1所示，检查点坐标如表9-2所示。

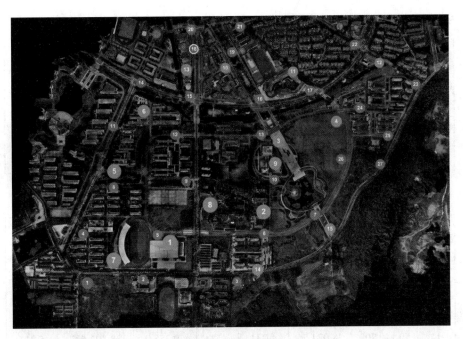

图9-6 像控点分布

表9-1 控制点坐标

点号	横坐标	纵坐标	高程	点号	横坐标	纵坐标	高程
1	48 956.951	37 328.13	5.043	15	49 478.013	38 134.579	4.528
2	49 232.845	37 327.329	5.198	16	49 813.4	38 112.965	4.462
3	49 655.151	37 327.592	4.681	17	50 033.57	38 176.011	4.378
4	48 980.104	37 506.593	4.086	18	49 494.023	38 364.106	4.262
5	49 292.343	37 523.58	4.111	19	49 676.52	38 343.39	3.968
6	49 826.915	37 529.586	3.765	20	49 482.7	38 442.94	4.28
7	50 048.152	37 611.454	4.273	21	49 702.51	38 457.47	4.138
8	49 075.147	37 725.908	4.156	22	50 243.89	38 379.18	4.097
9	49 461.306	37 769.001	4.055	23	50 537.29	38 202.44	6.009
10	49 837.421	37 780.236	4.683	24	50 270.19	38 095.78	4.292

续表

点号	横坐标	纵坐标	高程	点号	横坐标	纵坐标	高程
11	49 121.07	37 997.192	4.201	25	50 402.96	37 967.03	4.784
12	49 412.268	37 971.846	4.088	26	50 185.74	37 850.48	4.235
13	49 814.091	37 979.403	4.439	27	50 364.06	37 837.9	7.613
14	49 240.502	38 201.826	4.363	—	—	—	—

表9-2 检查点坐标

点号	横坐标	纵坐标	高程	点号	横坐标	纵坐标	高程
J1	49 333.383	37 501.491	4.127	J9	49 889.01	37 842.768	4.157
J2	49 835.304	37 633.24	4.087	j10	49 649.475	38 275.305	4.104
J3	49 890.471	37 932.961	4.292	j11	49 900.935	38 285.443	4.19
J4	50 140.709	38 074.56	4.034	j12	50 355.9	38 302.587	5.311
J5	49 092.597	37 815.119	4.287	j13	49 478.944	38 249.489	3.986
J6	49 266.151	38 093.402	4.168	j14	49 781.42	37 333.191	5.06
J7	49 143.269	37 389.271	4.317	j15	50 119.9	37 491.115	5.761
J8	49 593.72	37 656.815	3.861	—	—	—	—

（3）航拍参数设置。

采用型号为DJI M300的无人机开展作业，设计飞行高度为150m，速度8m/s，地面采样距离为2.35m，等时间间隔，获得的原始影像数量为5 050张。本次飞行数据采集前、后、左、右、下五镜头影像质量良好，曝光与颜色饱和度正常，飞行轨迹正常，影像数据较为清晰，满足数据生产要求。

航拍基本要求：

① 倾斜摄影测量技术发展趋于成熟，因此影像旋偏角普遍不超过6°。设置航向重叠度为80%，旁向重叠度为70%。

②航拍中出现相对漏洞和绝对漏洞时需及时补拍，补拍航线的两端应超出漏洞之外一条基线。

③ 影像清晰，层次分明，反差明显，色调柔和，没有重影和虚影；能分辨出与地面分辨率相应的细小地物影像，能够建立清晰的立体模型。

④ 航拍前起降场地选在平坦的空地上，周边无高压线及高层建筑，无人员与车辆移动等。天气方面选择晴朗、无云雾的情况。

（4）构建三维模型。

本实例选用Context Capture软件平台进行三维模型数据生产。Context Capture 软件平台在市场上的应用时间较长，系统相对稳定，可以集群处理数据，并在纹理匹配上效果好。

①集群处理。

随着倾斜摄影测量技术的广泛运用，内业处理的数据量越来越大，集群式倾斜摄影数据处理会比单机式处理快得多，集群可以加快内业建模效率，更加精准高效。集群运算是对同一局域网中的所有电脑分配任务进行并行运算。首先将一台配置比较高的电脑作为"主脑"，在"主脑"上将照片和POS数据进行文件共享，然后在Context Capture中设置任务序列目录为"主脑"的共享的文件夹路径。将局域网中的所有电脑都进行设置后，重启后即可开始集群运算。

②建模过程。

·影像导入及相关参数设置。这一步是3D建模的前期准备工作，将无人机搭载的摄像机所测得的倾斜影像数据导入至Smart3D。此步骤的重点是设置好相关参数，本实例所采用的感应器尺寸为23.5mm。

·空中三角测量。利用软件对多角度、同名点的图像进行匹配，然后计算外部方位元素以获取无人机的飞行信息、空中三角测量的位置密度以及图像的相对位置（见图9-7）。

·添加控制点并对空三图像进行再次空三，使生成的模型更准确，并检查其他图像的问题（见图9-8）。

·得到了空三测量计算结果后，便可进行最终的产品生产。为保证生产效率，根据计算机硬件配置选择合适的瓦片大小。

·导出时，可以设置分辨率、投影类型和图像尺寸。在本实例中，最终生成的三维模型成果需要使用DP Modeler软件进行精细化处理。在选取生产项目输出格式时需选取DP Modeler所支持的OSGB和OBJ格式（见图9-9）。

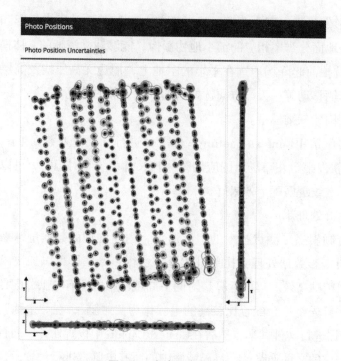

图9-7　空中三角测量

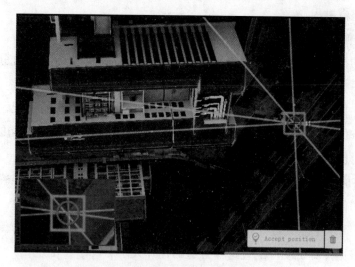

图9-8　添加控制点并对空三图像进行加密

图9-8 添加控制点并对空三图像进行加密（续）

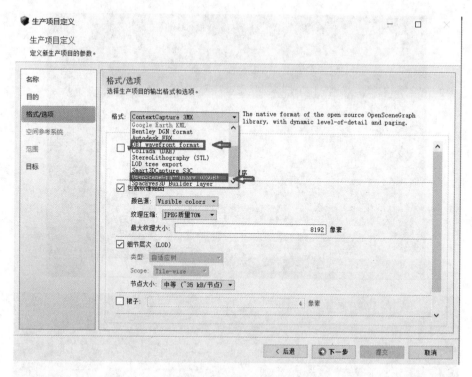

图9-9　导出文件格式

　　Context Capture支持3MX格式的生产成果的三维视图显示，而不支持OSGB和OBJ格式的三维视图显示（见图9-10）。

图9-10　实景三维模型视图

9.4.3.2　陆家镇实景三维倾斜摄影

根据要求，先期对陆家镇范围内的核心区域（38km² 范围内的区域）按照1∶1 000的数据精度及分辨率3cm的要求进行三维模型数据的采集与制作，基于倾斜摄影测量技术构建城市三维模型。

1）倾斜摄影数据采集。

（1）分区及航线设计。

根据任务区面积大小、地形地貌以及无人机作业特点决定是否需要分区，如果需要分区，应遵循以下原则：

①分区内的地形高差不应大于1/6摄影航高。

②在地形高差符合①的规定，且在能够确保航线直线性的前提下，分区的跨度应尽量划大，但要兼顾每个测区的影像数量。

③保证飞行安全。

（2）航线敷设。

航线敷设的原则如下：

①航线飞行方向一般需要根据测区特点进行设计，且最大程度保证各分区航线角度一致。

②对水域敷设航线时，应尽可能避免像主点落水。

③各分区之间航线要有一定的重叠，以保证接边区域的模型精度满足要求。

按照以上原则，航线计划沿南北或者东西方向敷设。

（3）航摄时间的选择。

①航摄时间的选择应遵循以下要求：

·航摄时，既要保证具有充足的光照度，又要避免过大的阴影。航摄时间一般应根据表9-3规定的摄区太阳高度角和阴影倍数确定。

·对于高层建筑密集的城区，应在正午前后各3~4h内摄影。

表9-3 摄区太阳高度角和阴影倍数

地形类别	太阳高度角/°	阴影倍数/倍
平地	>20	<3
丘陵地和一般城市	>25	<2
山地和大、中城市	≥40	≤1.2

②航摄时间的具体要求：

·水平能见度≥1 000m，垂直能见度≥500m；

·多云天气为佳，晴天次之。阴天、雨天、暴雨天气均不适合飞行作业；

·风速≤3级；

·气流相对稳定；

·航空摄影作业时，除要保证具有充足的光照，也要避免过大的阴影。

在部分受军民航空域使用限制的地区，可适当调整摄影要求。

（4）航摄技术参数。

各摄区航摄技术参数见表9-4。

表9-4 各摄区航摄技术参数

相机	Riy D2（焦距21mm）			Riy DG3（焦距28mm）		
测区	江苏省苏州市盛泽镇					
地形地貌	城区建筑、道路、桥梁、河流等					
航摄面积	约150km²					
外扩后面积	约170km²					
影像分辨率	核心区3cm，其他5cm					
飞行区域	高楼区	一般区域	农田及水域	高楼区	一般区域	农田及水域
航向重叠度	80%	80%	70%	80%	80%	70%
旁向重叠度	75%	70%	70%	75%	70%	70%

（5）无人机摄影测量的安全生产。

飞行前，注意观察飞行区域周边电磁干扰源情况，尽量避免在人群稠密或闹市区飞行，选择一个开阔无遮挡且远离电磁干扰的场地进行飞行。

（6）航摄实施。

①基本航摄流程。

根据任务区域，首先向所管辖的民航管理部门及部队空管部门申请航空摄影空域。获得批复后，积极组织摄影员、飞行员、测量人员研究航空摄影具体实施方案，展开飞行作业。影像获取过程中，现场人员第一时间完成影像数据自查，及时发现数据存在的不足，并采取有效的解决和补救办法。无人机航空摄影数据量非常大，难免会有遗漏，单靠地面人员第一时间检查影像质量是远远不够的。除现场人员自查外，质量检查组也可依照一定的制度和技术方法逐级抽样检查，将有问题和瑕疵的影像剔除，及时进行补摄和重摄，保证影像质量。具体实施流程如图9-11所示。

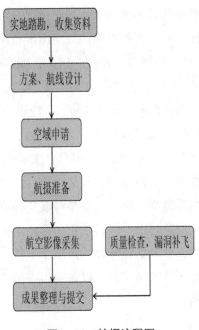

图9-11 航摄流程图

②航摄的具体实施及相关要求。

了解掌握气象条件：进入航摄任务实施后，作业组需及时了解掌握摄区气象条件，有条件时，可与军民机场气象预报台沟通咨询，利用互联网搜集掌握相关气象资料，结合所掌握的历史气象资料、周期性气象变化特点和近期内天气变化趋势，分析气象云图、能见度、云底高、云量等基本气象知识，为飞行日安排及时提供依据。飞行组航摄实施前，应认真检查飞行器，提前做好无人机保养工作。摄影组按照《出差设备清单》检查清点所携带的设备、仪器等，并完成设备交接。所有准备工作完成后，组织人员机动进场。

申报飞行计划：摄影组进场后，根据申请的空域批文，向所属空管单位提出飞行计划申请。注意与空中管制单位沟通好作业飞行的航摄区域、航摄高度、航摄时间等。

航飞作业：作业计划审批后，飞行组应充分组织好人员飞行前的地面准备工作。无人机操控员仔细检查无人机的各项参数指标是否正常，并做好记录，确保飞行安全；针对当日天气状况、光照情况设定好相机参数，并完成相机的安装和调试工作，并反复检查确认。地面准备工作完成后，由负责人向空管部门提出起飞申请，得到许可后方可起飞。起飞前应再一次与执飞的无人机操控员明确作业要求（飞行高度、速度、执行航线等）。

数据整理及质量检查：无人机返航着陆后，应第一时间向空管部门报告，然后有序地组织拆卸设备。摄影人员应在返回驻地后，及时对数据进行备份整理并完成数据的初检工作，有数据质量不符合要求时应做好重飞准备。

注意事项及相关要求：严格组织，安全为重，认真仔细，注重细节。这是航空摄像中需要把握的原则，也是所有参与航空摄影工作应牢记的行为准则。遵守航空飞行相关规范要求，令行禁止。严格落实相关要求，严格按规程作业。做好安全预案，熟悉处置流程，防范于未然。准确、及时、详细地做好航空摄影实施过程中的各项记录，以备项目查验使用。

（7）航摄质量控制。

①飞行质量。

像片重叠度：数码相机完全实现定点曝光，测量航向重叠度≥70%，旁向重叠度≥70%。

航线弯曲度：航线弯曲度不大于3%。

航高保持：同一航线上相邻像片的航高差不应大于20m，最大航高与最小航高之差不应大于30m；航摄分区内实际航高与设计航高之差不应大于50m。

漏洞补摄与重摄：航摄过程中出现的漏洞应及时补摄或重摄，航摄过程中出现的相对漏洞和绝对漏洞应及时补摄；漏洞补摄应按原设计要求进行；应采用第一次航摄飞行的航摄仪补摄；对不影响内业加密模型连接的相对漏洞，可只在漏洞处补摄，补摄航线的长度应超出漏洞之外一条基线。

记录资料的填写：每次飞行均应认真填写航摄飞行报告表。

②影像质量。

影像应清晰，层次丰富，反差适中，色调柔和；应能辨认出与地面分辨率相适应的细小地物影像，能够建立清晰的立体模型。

影像上不应有云、云影，当有云影时，位于云影下的地物、地貌应可以判别和测绘。

限定最大曝光时间，除保证航摄仪探测器正常感光外，还应确保因飞机低速的影响，在曝光瞬间造成的像点最大位移不超过1个像素。

拼接影像应无明显模糊、重影和错位现象。

融合形成的高分辨率彩色影像不应出现明显的色彩偏移、重影、模糊现象。

要确保摄区内所有建筑、道路、桥梁等影像完整。

（8）航空影像数据检查及处理。

①数据检查。

根据实际要求，检查航空影像数据是否满足具体的生产要求。低空摄影数据要求如下：

· 地面分辨率核心区0.03m，其他区域0.05cm。

· 影像像点位移不大于1个像素，最大不应大于1.5个像素。

· 通过目视观察，确保影像质量影像清晰，反差适中，颜色饱和，色彩鲜明，色调一致，有较丰富的层次，能辨别与地面分辨率相适应的细小地物影像，满足数据生产要求。

②数据整理编号。

在影像数据符合生产要求的前提下，对数据进行整理编号处理。编号要求：影像数据编号由不少于8个字符构成，按不同相机进行编号，整个航摄区域照片编号不许重复。

（9）数码相机畸变差改正。

原始影像数据应进行畸变改正，可在空中三角测量时改正相机畸变差。可对原始数据进行图像增强处理，但应保证数字倾斜摄影成果的质量。

（10）飞行注意事项。

①飞行前应严格按照航空管制要求申请空域批文。

②每个架次飞行前都需要电话联系航空管制部门，进行飞行确认。

2）精细化实景三维建模。

（1）实景三维建模。

空三加密及建模使用Context Capture软件，具体流程如下：

添加影像数据→导入相机参数→添加控制点坐标→对图像进行刺点→第一次提交空三资料→第二次全部刺点→进行第二次空三→检查空三精度→模型生产。

（2）局部纹理修饰。

对局部纹理的修饰使用DP Modeler软件，主要操作如下：

数据准备：OSGB格式模型、XML格式空三、匀光匀色后的影像。

注意：以上三个文件坐标系需保持一致。

数据预处理：导入影像数据→OSGB格式转换为OSG。

模型修饰：模型导入→画范围线→批量重建→重建平面→显示平面→建模→补面→成果导出→将修改后的OSG转为OSGB→成果串联。

陆家镇实景三维模型视图和纹理修饰图如图9-12～图9-14所示。

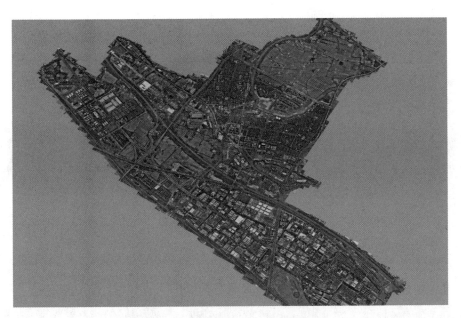

图9-12　陆家镇实景三维模型视图

图9-13　纹理修饰图（一）

图9-14　纹理修饰图（二）

9.5　无人机摄影测量行业应用

　　随着无人机遥感技术的快速发展，无人机遥感技术的产业化应用取得了较快发展，广泛应用于重大突发事件和自然灾害的应急响应、国土资源调查与监测、海洋测绘、农林业、环境保护、交通、能源、互联网和移动通信等多个领域。

9.5.1　城市规划行业中的应用

　　（1）在城市规划方面的应用。

　　随着经济的不断发展，城市的发展越来越快，这就对政府部门、对城市的规划发展提出了更高的要求。在城市规划过程中，如城市现状图、交通专题地图等基础测绘成果，往往是政府部门进行城市规划的基础数据。

这些地图数据是在一定的数学基础下对真实世界进行抽象的结果。而三维模型，则是通过倾斜摄影测量技术，将真实的世界借助计算机平台真真切切地反映在使用者面前，更加地直观。通过三维数据，规划部门可以分析城市的建筑群、交通路线分布等信息，为城市规划测量、城市规划调查、城市规划建设、城市规划方案对比、城市建筑工程管理等提供有力的支撑。

（2）在棚户区改造方面的应用。

倾斜摄影测量技术，可以快速采集目标区域的建筑物信息，并生成三维模型，借助三维GIS技术，可以将拆迁工作统一到一个平台上进行管理。鉴于三维模型数据采集的效率较高，可以很快完成数据采集，将大大有利于拆迁的调查取证工作。

（3）在不动产调查管理方面的应用。

通过倾斜摄影测量技术制作每幢房屋的实景三维模型，通过GIS三维建模技术模拟真实场景，保留历史痕迹，了解每幢房屋的状态和数据信息。

除了以上应用，实景三维技术在旅游宣传、文物保护、电力巡检等方面都有极为广泛的应用。

9.5.2　在农业和林业中的应用

无人机遥感在农林业的应用主要以调查、取证和评估为主，更注重调查现状和地理属性信息，如作物长势、病虫灾害、土壤养分、植被覆盖或旱涝影响等信息，对绝对定位精度、三维坐标观测精度要求较低。在农业领域，我国无人机遥感已在农业保险勘察、小面积农田农药喷施以及农田植被信息监测方面有了一定的应用；林业方面，无人机遥感在森林调查中的应用主要包括林业有害生物监测、森林资源调查、森林防火和造林绿化等。

无人机技术在农作物植物保护方面的应用，主要体现在作物的病虫害监测以及农药喷洒方面。病虫害是影响农作物产量和质量的关键因素之一。对于农药喷洒，传统的人工以及半人工的方式已不能满足现代农业生产的规模化种植的需要，而且喷药人员中毒事件时有发生。无人机用于农药喷施就具有极大的优势。在国内外的应用中，日本等发达国家将无人机用于植保已经比较成熟，我国无人机植保起步较晚，但随着近年来无人机行业的火热，植物保护无人机一经推出便引起广泛关注。植物保护无人机可以有效地实现人和药物的分离，安全高效。目前，国内植物保护无人机领域的研究在不断加深，推广速度和市场认知度也在不断提高，植物保护无人机的市场前景非常广阔。

大疆M300无人机搭载L1激光雷达镜头，通过三回波形式，可以获取DSM和DEM数据，并通过点云分层技术，实现数据分层，对植被的株数、树冠、树茎等进行智能识别，可实现对农业、林业发展健康状况的评估；搭载多光谱镜头，通过计算NDVI和ENDVI可以评估农作物的生长和健康状况。

9.5.3　在公共安全领域的应用

无人机遥感在公共安全领域的应用主要是提供了一种轻便、隐蔽和视角独特的工具，确保安全领域工作人员人身安全的同时，能够得到最有价值的线索和情报，对获取时效性和图像分辨率要求较高，对无人机系统的出勤率要求较高。目前，电动多旋翼机的使用最多，其次是执行特殊任务的长航时高隐蔽性无人机。

（1）常规公共安全领域。

小型无人机可以应用于反恐处突、群体性突发事件和活动安全保障等方面。例如，一旦发生恐怖袭击事件，无人机可以代替警力及时赶往现场，利用可见光视频及热成像设备等，把实时情况回传给地面设备，为指挥人员决策提供依据；对于群体性事件、大型活动或搜索特定人员等情况，小型无人机可以快速响应、机动灵活，既可以传输实时画面，又可以投送物品、传递信息等，如果加装了喇叭，也可以喊话传递信息。

（2）边防领域。

利用地面站软件对飞行路线进行设置，可以对边境线进行长时间巡逻，或者专门对某些关键区域进行缉私巡逻。例如，我国云南等一些山区，可能存在罂粟农作物种植的情况，通过小型固定翼无人机，配备光谱分析装置，对该区域进行定期扫描式检测飞行，可以达到高效监管的作用。

（3）消防领域。

小型无人机可以配备红外热成像视频采集装置，对区域内热源进行视频采集，及时准确地分析热源，从而提前发现安全隐患，降低风险和损耗。例如，某高层建筑突发火灾，地面人员没办法看到高层建筑物中的真实情况，这时可以派出无人机飞到起火的楼层，利用机载视频系统对起火楼层人员状况进行实时观察，从而引导相关人员进行施救。

（4）海事领域。

一旦发生海难，仅仅利用海面船只进行搜寻的效率太低，因而，利用无人机搭载视频采集传输装置，对海难出事地点附近进行搜寻，并以此为中心点，按照气象、水文条件等，对飞行路线进行导航设置，可以及时搜寻生还者，引导附近救援船只营救。还有就是一些重点航道、关键水域，海事部门也可以通过无人机对非法排污船只进行监测，以此取证。

9.5.4　在环境领域的应用

无人机在环境领域也具备广阔的应用前景。通过搭载不同的传感器，可以从高空的角度实现对环境要素的测量和监测，为环境检测、巡查、水环境保护等提供有力的支持；也可以运用正射影像及三维重建成果，对调查区域进行实地调查分析和土地利用类型分析。基于无人机影像的实景三维建模，具有分辨率高、可视性强、时效性强、人工成本低等优势。

案例1：泗阳双桥饮用水源地保护区风险源2020—2021年动态变化分析。

江苏省宿迁市泗阳县中运河双桥饮用水水源保护区取水口位于东经118°37′59.42″，北纬33°43′2.37″，保护区分为一级保护区、二级保护区、准保护区，总面积约4.2km²（见图9-15）。

图9-15　泗阳双桥饮用水源地位置

　　近年来，我国对饮水安全的重视程度也在不断提高，对水源地保护的规范要求不断增强。为全面改善和提升水环境质量，确保全市饮用水源环境安全，扎实开展饮用水源地保护工作，根据《2020年全省生态环境监测方案》相关要求，从2020年开始，江苏省宿迁市开始对饮用水源地进行遥感监测，将水源地的遥感影像通过分析和解译，获取潜在风险源，并对潜在风险源进行现场勘查和督促整改，并持续进行跟踪监测，及时发现新增的潜在风险源，并进一步核查和监督。同时利用无人机高清影像的近距离核查和无人机航测的正射影像和实景三维模型的现场重现，将遥感监测工作持续发展，做深做透，切实保障居民饮用水安全（见图9-16）。

　　基于无人机航摄的正射影像和三维重建，对于人类活动痕迹的记录和取证更为清晰，分辨率可以达到5cm以下，效果更直观，时效性更强（见图9-17）。

图9-16　泗阳双桥饮用水源地保护区人类活动痕迹图斑

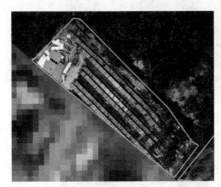

图9-17　人类活动痕迹的记录和取证

　　案例2：佛山龙沙涌无人机正射影像辅助现场调查。

　　广东省佛山市大沥镇龙沙涌穿过镇中心区域，沟通大沥南北两侧东流的河涌，且周边分布的工业企业和生活区、农业用地情况都较具有代表性。

　　龙沙涌位于佛山市南海区大沥镇，全长6 560m，其中谢边涌香基河片2 978m，盐联围片1 184m。河道规划底宽25m，河底高程-0.256m，边坡系数1.5。本次调查选取谢边涌香基河片，研究区段北连雅瑶水道，南接铁路坑，平均宽度19m，平均深度0.9m，调蓄容量74 450m³，有主要支涌六条。龙沙涌南北走向且有沙海站闸控制，每日多数时间闭闸憩流。开闸时依两侧水位不同，既可能由南向北，也可能由北向南，且开闸时通常水位差很小。

运用大疆无人机P4 v2.0，对龙沙涌流域约4.30km²进行影像拍摄，共分9个架次，航高120m，航向重叠度80%，旁向重叠度70%，影像分辨率0.03m，运用大疆智图和CC对龙沙涌流域进行了三维重建和正射影像生产。

龙沙涌排水区调查内容包括周边主要排水户类型及其分布、市政管网现状、入河排口数量及性质、主涌及支涌水文水质情况等（见图9-18～图9-20）。

图9-18　无人机正射影像图

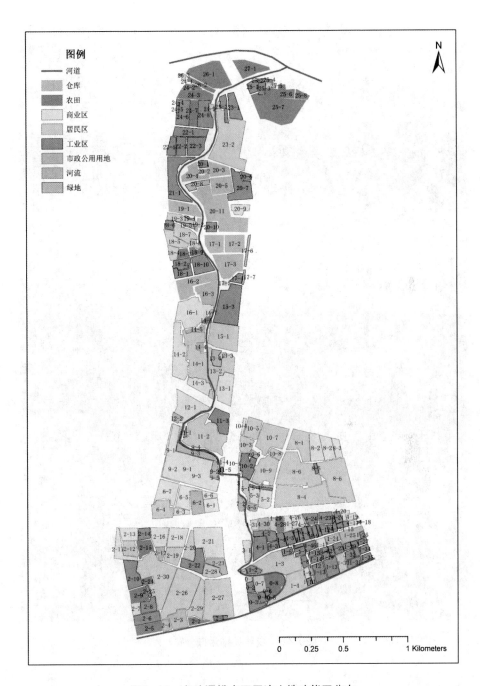

图9-19 龙沙涌排水区周边土地功能区分布

图9-20　龙沙涌排污口分布

9.5.5　在国土资源领域中的应用

无人机遥感监测服务可以为国土资源提供服务，利用无人机搭载光学相机获取影像及地理信息，将无人机遥感的监测成果运用于基础测绘、执法监察、数字城市、矿产资源、灾害应急等领域，在国土资源方面发挥重要作用。

（1）大比例尺地形图规模化生产。

传统的大比例尺地形图测绘多采用内外业一体的数字化测图方法。首先采用静态GNSS测量技术布设首级控制网，然后再用RTK与全站仪结合的方法进行碎部测量，非常辛苦，且效率较低。而无人机测绘技术在这方面有很强的可行性，它可以快捷地获得高精度的影像，加强了成果的时效性。

（2）地籍测绘。

无人机摄影测量技术具有体积小、起落方便、精确性高等众多优势，通过影像预处理、影像畸变校正、特殊项目处理后，在地籍测绘领域得到了广泛的应用。

（3）执法监察。

通过无人机监测系统的监测成果，可及时发现和查处被监测区域的国土资源违法行为，对重点地区和热点地区实现滚动式循环监测，实现国土资源动态巡查监管，对违法行为早发现、早制止、早查处。

参考文献

[1]王涛，刘建国.摄影测量与遥感[M].成都：西南交通大学出版社，2018.

[2]王佩军，徐亚明.摄影测量学[M].武汉：武汉大学出版社，2016.

[3]潘洁晨.摄影测量学[M].成都：西南交通大学出版社，2016.

[4]朱凌.摄影测量基础[M].北京：测绘出版社，2018.

[5]李明泽，于颖.摄影测量学[M].哈尔滨：东北林业大学出版社，2018.

[6]段延松，曹辉，王玥.航空摄影测量内业[M].武汉：武汉大学出版社，2018.

[7]胡莘，王仁礼，王建荣.航天线阵影像摄影测量定位理论与方法[M].北京：测绘出版社，2018.

[8]赵育良.航空摄影原理[M].北京：国防工业出版社，2017.

[9]刘尚争.遥感应用分析与图像处理实践研究[M].北京：中国建材工业出版社，2020.

[10]丁华，张继帅，李英会，等.摄影测量学基础[M].北京：清华大学出版社，2018.

[11]季顺平.智能摄影测量学导论[M].北京：科学出版社，2018.

[12]漆首令，刘振军，刘一军.航空摄影测量与无人机测绘技术应用[M].北京：中国建材工业出版社，2018.

[13]刘永兴，杨忠祥，安剑英.数字化测图[M].天津：天津科学技术出版社，2020.

[14]徐芳，邓非.数字摄影测量学基础[M].武汉：武汉大学出版社，2017.

[15]林卉，王仁礼.数字摄影测量学[M].徐州：中国矿业大学出版社，2015.

[16]张军，赵淑湘.摄影测量与遥感技术[M].成都：西南交通大学出版社，

2015.

[17]丁华，李如仁，徐启程.数字摄影测量及无人机数据处理技术[M].北京：中国建材工业出版社，2018.

[18]黄祚继.近景摄影测量影像匹配方法研究与应用[M].南京：河海大学出版社，2017.

[19]郭学林.无人机测量技术[M].郑州：黄河水利出版社，2018.

[20]童玲.无人机遥感及图像处理[M].成都：电子科技大学出版社，2018.

[21]胡春梅，王晏民.地面激光雷达与近景摄影测量技术集成[M].北京：测绘出版社，2017.

[22]刘含海.无人机航测技术与应用[M].北京：机械工业出版社，2020.

[23]王冬梅.无人机测绘技术[M].武汉：武汉大学出版社，2020.

[24]张一飞.浅谈人工智能对摄影测量与遥感技术发展的影响[J].科技创新与生产力，2020(11)：52-54.

[25]李彬，何佳，杜娟.无人机测量空中三角测量技术应用[J].经纬天地，2018(5)：61-65.

[26]袁晓鑫.无人机大比例尺测图技术及应用研究[D].淮南：安徽理工大学，2019.

[27]阎霞.高精度初始外方位元素辅助影像空中三角测量应用研究[J].现代测绘，2019，42(4)：49-52.

[28]袁修孝，蔡杨，史俊波，等.北斗辅助无人机航摄影像的空中三角测量[J].武汉大学学报(信息科学版)，2017，42(11)：1573-1579.

[29]滕惠忠，于波，李海滨，等.海岛礁航空摄影测量技术应用研究[J].海洋测绘，2016，36(6)：20-23+27.

[30]郑安武，张田凤，史晓明，等.低空摄影测量大比例尺地形测图关键技术研究[J].地理空间信息，2019，17(11)：6-9+27+10.

[31]秦玉刚，李晓诗.倾斜航空摄影空中三角测量技术及精度分析[J].北京测绘，2019，33(9)：1113-1116.

[32]董秀军，王栋，冯涛.无人机数字摄影测量技术在滑坡灾害调查中的应用研究[J].地质灾害与环境保护，2019，30(3)：77-84.

[33]赵学军.无人机数字摄影测量系统设计和应用研究[J].智能城市，

2020，6(16)：44-45.

[34]陶超.全数字摄影测量结合GPS的定点测绘数据采集方法[J].北京测绘，2019，33(6)：665-668.

[35]龙真青.城市测绘中全数字摄影测量的实际应用[J].工程技术研究，2019，4(16)：109-110.

[36]刘一军.倾斜摄影测量技术在数字城市三维建模中的应用与展望[J].测绘与空间地理信息，2018，41(5)：96-98+101.

[37]吴熠文，余加勇，陈仁朋，等.无人机倾斜摄影测量技术及其工程应用研究进展[J].湖南大学学报(自然科学版)，2018，45(S1)：167-172.

[38]陈志华，张俊贤，张克铭，等.云南高速公路无人机倾斜摄影测量实景三维模型建立方法改进及精度提高[J].测绘通报，2019(S1)：275-279.

[39]孙钰珊，张力，艾海滨，等.倾斜影像匹配与三维建模关键技术发展综述[J].遥感信息，2018，33(2)：1-8.

[40]魏玮.基于三维重建的全景图像自动生成技术[J].电子设计工程，2019，27(4)：158-161+166.

[41]刘清旺，李世明，李增元，等.无人机激光雷达与摄影测量林业应用研究进展[J].林业科学，2017，53(7)：134-148.